2100: UNA HISTORIA DEL FUTURO

Claves geopolíticas y tecnológicas
para entender el mundo que vivirán tus nietos

2100:
UNA HISTORIA
DEL FUTURO

UN LIBRO DE MEMORIAS DE PEZ

BORJA FERNÁNDEZ ZURRÓN

HarperCollins

Editado por HarperCollins Ibérica, S. A.
Avenida de Burgos, 8B - Planta 18
28036 Madrid

2100: Una historia del futuro. Claves geopolíticas y tecnológicas para entender el mundo que vivirán tus nietos
© 2023, Borja Fernández Zurrón
© 2023, para esta edición HarperCollins Ibérica, S. A.

Imagen de cubierta: CalderónSTUDIO®
Diseño de cubierta: CalderónSTUDIO®
Imágenes de interiores: Cedidas por el autor
Maquetación: MT Color & Diseño, S. L.
Foto de solapa: Facilitada por el autor

ISBN: 978-84-9139-881-3
Depósito legal: M-2185-2023

*A Cris y Ana por guiarme en el camino,
a Sandra, Jess, Lucía y David, mis compañeros de aventura,
y a Luis, a quien espero acompañar en su viaje hacia 2100.*

ÍNDICE

LA DICTADURA TECNOLÓGICA, CÓMO SERÁ EL MUNDO
DEL FUTURO

PRÓLOGO

Si hay algo que me apasiona más que estudiar el pasado, es sin duda el trabajo y estudio prospectivo, es decir, tratar de predecir el futuro a partir de la información que hoy en día tenemos disponible. La historia y la geopolítica por sí mismas son disciplinas muy interesantes que tienen un gran valor, pero este aumenta exponencialmente cuando su conocimiento se utiliza como herramienta para anticipar macrotendencias, adelantarse a movimientos concretos o predecir errores futuros.

Por ello creo que este libro, además de permitir al lector aprender sobre el pasado y el presente, puede ayudarle a entender el futuro, comprender las revoluciones que nos esperan a la vuelta de la esquina e, incluso, tomar posiciones ventajosas que le permitan sacar cualquier tipo de beneficio futuro, incluyendo el rédito económico. Imaginar el futuro también es muy divertido y es una disciplina que deja jugar mucho con la imaginación e ilusionarnos con el devenir de los acontecimientos cuando las cosas vienen peor dadas.

Desde la invención de la escritura hace unos 5000 años, y sobre todo tras la Revolución Industrial, que comienza a finales del siglo XVIII y continúa durante el siglo XIX, el ser humano ha evolucionado de forma exponencial, haciendo que la velocidad del crecimiento y desarrollo de la humanidad no solo no se frene, sino que continúe siendo cada vez más veloz. Cuando parecía que el hombre no podía seguir revolucionando la mecánica con la rapidez con que lo venía haciendo durante el siglo XIX y principios del XX, apareció una nueva revolución, la digital. Los microchips, Internet, la fibra óptica y el desarrollo en general de la electrónica nos abrieron una nueva puerta hacia el futuro que se desarrolló a una velocidad vertiginosa, resolviendo problemas con una complejidad nunca vista en tiempo récord. Pero el ser humano se resiste a llegar a la meta y constantemente aparecen nuevos ámbitos que nos retan con problemas que resolver, creando una imparable ola de progreso que, de momento, parece lejos de detenerse.

Aunque en este libro se hable de conflictos, de guerras, de abusos de poder, de retos difíciles de superar e incluso de formas en las que el ser humano parece que busca su autodestrucción, no estamos ante una obra pesimista. El libro está escrito desde un punto de vista completamente optimista, que no infravalora ni la inteligencia ni la capacidad del ser humano para sobreponerse a sus principales amenazas.

A menudo el ser humano, de forma sesgada, piensa que todo lo pasado fue mejor, que la tecnología destruye las sociedades, que el hambre y la pobreza se abren paso llegando cada vez a más personas en el mundo, que las guerras son más frecuentes y destructivas, que las armas nucleares condenan al planeta al apocalipsis y un montón de cuestiones similares. Sin embargo, nada más lejos de la realidad. Los indicadores macro nos dicen que el mundo nunca había sido tan seguro como en este siglo XXI, que las personas nunca habían estado más conectadas y nunca habían convivido tan pacíficamente, y que, a pesar de enfrentamientos como la guerra entre Rusia y Ucrania, los conflictos bélicos son la excepción y no la norma; ello se debe en gran parte a la disuasión que produce el armamento nuclear. Pero no nos adelantemos, que todavía nos estamos conociendo.

Este libro trata de hacer un trabajo prospectivo a cincuenta-setenta y cinco años vista. Más allá de eso, cualquier análisis racional es prácticamente imposible de realizar. En otras palabras, bucearemos en el mundo que disfrutarán aquellos que están naciendo ahora y que al menos podrán contemplar quienes han crecido al calor de la primitiva digitalización.

En cualquier caso, si eres de los que alucina con cada aparato electrónico de última generación que cae en tus manos; si, como un servidor, cuando piensas en la muerte imaginas todos los inventos y los avances que no verás; si te intriga el próximo orden mundial que llegue cuando Estados Unidos no sea la indiscutible potencia mundial; o si eres de los que les gusta sentirse parte de momentos históricos, este libro es para ti. Y si no lo eres, quizás encuentres en esta obra algo que te abra los ojos y te dé más motivos para vivir con ilusión, porque lo que se viene en los próximos cincuenta años es una absoluta barbaridad digna de ser vivida. Hablo del principio de una nueva sociedad, algo difícilmente imaginable para cualquier persona que no haya vivido la actualidad o incluso para todos aquellos que lo hacemos y además la estudiamos. Hablo de un cambio total en los paradigmas humanos, revoluciones en todos los ámbitos tecnológicos, el fin de los estándares económicos que han regido las sociedades desde tiempos inmemoriales, transformaciones políticas de las que surgirán nuevos movimientos y nuevas ideas. El fin del mundo tal y como lo conocemos. Para realizar este análisis, nos hemos puesto como fecha línea de meta el año 2100. Imaginar cómo será el mundo más allá del cambio de siglo es algo que hoy por hoy no se puede hacer con el debido rigor. No obstante, las escasas ocho décadas que nos separan de esta fecha son suficientes para ver una transformación sin precedentes de todo cuanto nos rodea. Cambios sociales, políticos, económicos o culturales serán nuestro pan de cada día en el trepidante camino que la humanidad recorrerá hacia 2100, un camino que, después de escribir estas páginas, estoy convencido de que no me quiero perder.

Así que solo espero que eches a volar tu imaginación y fantasees con el futuro, un futuro lleno de retos que pondrán a prueba la resiliencia del ser humano y la capacidad de adaptabilidad de este. Abre bien los ojos, ten la mente dispuesta y disfruta de tu primera experiencia en el metaverso. Alíviate con esa enfermedad que te ahorrarás gracias a tener tu ADN secuenciado. Prepárate para conocer a la primera persona capaz de vivir ciento cincuenta años gracias a la ingeniería genética. Disfruta paseando por una futurista ciudad, libre de emisiones y contaminación, o prepárate para ir a una boda en la que algún conocido tuyo se case con un robot alimentado por una inteligencia artificial.

0
EL SIGLO XX, DE LA REVOLUCIÓN INDUSTRIAL A LA DIGITALIZACIÓN

El siglo XX ha sido sin duda el siglo más apasionante desde el punto de vista histórico. Un siglo en el que ha habido de todo y en el que el ser humano ha conseguido avanzar más que en toda su historia anterior. Entender el siglo pasado es clave para vislumbrar lo que puede ocurrir en el futuro, por ello, me he permitido la licencia de llevar a cabo un pequeño resumen de la historia del mismo y cómo este ha marcado el devenir de la humanidad.

En el ámbito militar, el siglo empezaba movidito. En 1902, Estados Unidos vence a la recién proclamada República de Filipinas, llevándose por delante a un 10 % de la población del país. Tres años después, en 1905, Japón se convierte en la primera nación del Extremo Oriente en ganar una guerra a una potencia europea tras aplastar a los rusos en la guerra ruso-japonesa. Por su lado, Alemania crecía industrialmente a pasos agigantados y se había sumado a la carrera colonial que llevaban a cabo principalmente Francia y Reino Unido. El miedo de estos últimos a Alemania hace que se cree en 1907 la Triple Entente, una alianza entre Francia, Reino Unido y Rusia. Por su parte, países como Australia, Cuba, Panamá, Noruega o Bulgaria obtienen su independencia en los primeros años del siglo pasado.

Sin embargo, lo más importante de la primera década no ocurrió en el plano militar. Si por algo había destacado el siglo anterior, el XIX, fue por la Revolución Industrial, que hizo que la humanidad progresase en casi todos los campos del conocimiento a una velocidad nunca vista hasta la fecha. Sin embargo, la Revolución Industrial no había sido más que el principio de una vertiginosa carrera económica y científica que se extendió durante toda la centuria. El siglo XX comenzó con dos hechos que marcarían la historia hasta nuestros días. Por un lado, Henry Ford es capaz de producir su modelo Ford T en cadena. Este sistema de producción fue el pistoletazo de salida de una de las industrias más florecientes del siglo XX, la automovilística. Por otro lado, de la mano de los hermanos Wright y de Alberto Santos Dumont, nacería el avión, uno de los inventos más importantes de la historia. También en la primera década del siglo pasado, concretamente en 1905, Albert Einstein enunció su famosa teoría de la relatividad.

Es la época en la que ocurren hechos mundialmente destacados, como el hundimiento del Titanic, la independencia del Tíbet o la Revolución mexicana de la mano de Emiliano Zapata. Sin embargo, todo ello quedará eclipsado por la Primera Guerra Mundial, en la que la Triple Entente, junto a otras potencias como Estados Unidos, Japón o Italia, vencen a las potencias centrales lideradas por Alemania, el Imperio austrohúngaro y el Imperio otomano. Estos dos últimos desaparecieron tras la guerra y Alemania fue humillada mediante el Tratado de Versalles, que incluía el pago de grandes reparaciones de guerra a los países aliados, la cesión de territorios alemanes e importantes restricciones militares a las fuerzas armadas germanas. Por otro lado, en Rusia tiene lugar la Revolución rusa, tras la cual los bolcheviques, con Lenin a la cabeza, ganan una guerra civil y ponen por primera vez en práctica el comunismo fundando la Unión Soviética en 1922. Lenin pronto muere y Stalin le sucede en su cargo en 1924.

Los años 20 destacan por el auge de los fascismos. Benito Mussolini se hace con el poder en Italia, Miguel Primo de Rivera en España y Alejandro I en Yugoslavia. En 1921 Adolf Hitler fundará el Partido Nazi en Alemania. No obstante, sin duda, el hecho más importante de los años 20 es el estallido del llamado crac del 29, que trajo consigo una tremenda crisis económica que se conocerá como la Gran Depresión.

Precisamente, la crisis generada por la Gran Depresión y el ya mencionado Tratado de Versalles sirvieron a Hitler para hacerse con el poder en Alemania en 1933. En España, tras una segunda experiencia republicana, estalla una Guerra Civil que acabará con Franco en el poder iniciando una dictadura que durará hasta 1975. De hecho, es durante dicho conflicto cuando Picasso pinta el *Guernica*, que denuncia el bombardeo de la ciudad vasca, y es que la aviación alemana ya se preparaba en España para la Segunda Guerra Mundial.

Estalló en 1939 con la invasión alemana de Polonia. En la misma, los aliados, liderados por la Unión Soviética, Reino Unido y Estados Unidos, derrotaron a Alemania, Italia y Japón. La guerra dejó entre 50 y 70 millones de muertos. En su transcurso, Estados Unidos creó uno de los inventos más importantes de la historia de la humanidad, la bomba atómica, que fue puesta en práctica en las ciudades japonesas de Hiroshima y Nagasaki. Paralelamente al desarrollo de la Segunda Guerra Mundial asistimos al nacimiento de la nueva potencia hegemónica mundial encarnada en Estados Unidos, la cual coge la batuta de un mundo que ya no soltará hasta nuestros días. Tras la guerra el mundo se divide en dos bloques: uno bajo la influencia comunista de la Unión Soviética y otro bajo el paraguas capitalista de Estados Unidos. Da comienzo así la Guerra Fría, en la que el planeta estuvo durante décadas al borde de una guerra nuclear. El fin del conflicto también trae consigo la creación de la ONU, la UNESCO, la Declaración Universal de los Derechos Humanos y el plan Marshall para reconstruir Europa. La Guerra Fría supondrá además la creación de la OTAN para hacer frente a la Unión Soviética.

Mientras que en 1947 la India se independiza de la mano de Gandhi y en 1948 nace el Estado de Israel, en 1949 la China comunista vence a la China nacionalista tras una larga y sangrienta guerra civil. Se funda así la República Popular China, liderada por Mao Zedong, que acabará siendo el mayor genocida de la historia. Por su parte, los perdedores de la guerra civil se refugiaron en la isla de Taiwán, amparados por Estados Unidos, siendo desde entonces, *de facto*, independientes del poder de Pekín.

La primera gran guerra dentro del marco de la Guerra Fría es la de Corea, que enfrenta a la Corea del Norte comunista con Corea del Sur, de corte capitalista. A pesar de la intensidad del conflicto, este acaba sin un ganador. Una situación parecida ocurrió en Vietnam a partir de 1955. Un conflicto en el que Estados Unidos se acabará involucrando directamente y en el cual el Vietnam del Norte comunista, con el apoyo de China y de la Unión Soviética, vence a Vietnam del Sur. Por su parte, los años 50 también supusieron la independencia de Libia, el nacimiento de la Comunidad Económica Europea que acabará desembocando décadas después en la Unión Europea, la creación de la NASA y la firma del Pacto de Varsovia entre la URSS y varios países aliados, para poder hacer frente a la OTAN.

Por último, un hecho de vital importancia es el triunfo de la Revolución cubana con Fidel Castro al frente y que traerá consigo en 1962 la Crisis de los Misiles, que surge cuando Estados Unidos descubre que la Unión Soviética había instalado misiles nucleares en Cuba. Si bien en el plano internacional Estados Unidos no estuvo fino en los conflictos de la Guerra Fría, de puertas para adentro los norteamericanos vivieron un despegue económico espectacular en el que la industria americana se colocó a la cabeza del mundo sin que nada ni nadie pudiera hacerle sombra.

Los 60 son una década de movilizaciones populares, prueba de ello son la Primavera de Praga, Mayo del 68 en París o las movilizaciones antimilitaristas en Estados Unidos contra la guerra de Vietnam. También es una época de asesinatos políticos, como los de John F. Kennedy, Malcolm X, Martin Luther King y Robert F. Kennedy. La Guerra Fría también vivió su auge con la creación del Muro de Berlín en 1961 y, además, provocó una carrera armamentística que fue sucedida por una carrera espacial. De esta forma la Unión Soviética fue capaz de enviar a Yuri Gagarin al espacio, siendo el primer hombre en conseguirlo, mientras que Estados Unidos, en 1969, logró poner a Neil Armstrong en la Luna.

Los 70 comenzaron con el estallido de una gran crisis económica conocida como la crisis del petróleo, provocada por una subida enorme de los precios de dicho combustible como respuesta de los países árabes a la guerra del Yom Kipur, en la que Israel volvió a derrotar a sus vecinos. Los 70 también destacan por el auge de grupos terroristas de extrema izquierda, como ETA en España o el IRA en Irlanda del Norte. Y mientras que en Estados Unidos se destapa el escándalo *Watergate*, en España, Portugal y Grecia vuelve la democracia. En América Latina, Chile lleva a cabo una experiencia marxista de la mano de Salvador Allende que será cortada vía golpe de Estado apoyado por Estados Unidos. El sanguinario Pinochet se hará con los mandos del país.

Los 80 destacarán por un gran desarrollo económico que llega incluso a la parte más oriental de Asia y que contrasta con las grandes hambrunas que azotan África. Y mientras un golpe de Estado fracasa en España en 1981, en 1982 Argentina y Reino Unido van a la guerra por las islas Malvinas, una guerra que ganan los británicos. En 1985 México fue sacudido por un gran terremoto mientras que Mijaíl Gorbachov se hizo con el control de la URSS, una URSS que, en claro declive, y más tras el desastre nuclear de Chernóbil, ve cómo el Muro de Berlín cae en 1989, convirtiéndose en el gran símbolo del fin de la Guerra Fría.

Tanto en los 70 como en los 80 se produce una gran revolución cultural y surgen leyendas tanto en el mundo del cine como en la música, que desde la aparición de los Beatles en los años 60 había iniciado un desarrollo y una innovación como nunca antes se había visto.

Los 90 comienzan con varios hechos de gran importancia. El mundo no solo se estremecía por la muerte de Freddie Mercury. En 1990 Estados Unidos invadió Irak en la llamada guerra del Golfo. El Irak de Sadam previamente había librado una guerra contra Irán y había invadido Kuwait. En 1991 la URSS colapsa y desaparece, desintegrándose en 15 países. En 1992 los países miembros de la Comunidad Económica Europea firman el Tratado de Maastricht y crean la Unión Europea. En los 90 también se libra la última guerra en Europa, las llamadas guerras yugoslavas, que supondrán la disolución de Yugoslavia en varios estados como Serbia, Croacia o Bosnia. En 1991 el mundo también se sobrecogió con el genocidio de Ruanda llevado a cabo entre dos tribus rivales, los hutus y los tutsis. A golpe de machete un millón de personas fueron asesinadas en apenas dos meses. Se calcula que el 70 % de los tutsis fueron asesinados por el Gobierno hutu ruandés. En 1993, el mayor narco conocido hasta entonces, el colombiano Pablo Escobar, era asesinado a la par que los grandes cárteles mexicanos iban creciendo y haciéndose cada vez más y más peligrosos.

Sin embargo, a pesar de los grandes conflictos que hubo durante los 90, la década nos dejaría un avance que cambió todas nuestras vidas, y es que internet se generalizó y llegó a millones de hogares. De hecho, a finales de los 90 se produjo un gran *boom* tecnológico del que surgieron gigantes que marcarán el siglo XXI. Los cimientos para el futuro acababan de ser colocados.

LAS GRANDES POTENCIAS DEL SIGLO XXI, UN NUEVO ORDEN PLANETARIO

1
CHINA, EL GIGANTE SE ABRE PASO

En nuestro camino hacia 2100 nos vamos a encontrar varios protagonistas de excepción a lo largo y ancho del globo terráqueo. Uno de los más importantes que está llamado a ser un gran transformador social, económico y tecnológico es China. El gigante asiático es un país del que nadie duda que va a convertirse —si es que no lo es ya— en el más poderoso del mundo. Un país que hace poco más de seis décadas sufrió la mayor hambruna de la historia de la humanidad, pero que en los últimos 30 años ha ido desarrollándose a pasos agigantados, llevando a cabo un crecimiento económico sin precedentes. Y es que jamás un territorio tan grande y con tanta población había crecido tanto en tan poco tiempo. Pero ¿cómo lo hicieron? Todo comienza en 1927.

Sí, 1927, ese es el año en el que la historia de China cambió para siempre. Entonces empezó la guerra civil china que enfrentó a la China comunista contra la China nacionalista. El conflicto duró más de dos décadas porque, entre medias, China sufrió la invasión de sus vecinos japoneses, a los que acabaron derrotando a costa de perder más de 20 millones de ciudadanos chinos. La guerra civil china no terminó hasta

1949, año en el que los comunistas derrotan a los nacionalistas y controlan toda la China continental. Los nacionalistas, partidarios de un sistema capitalista, se tuvieron que conformar con quedarse con Taiwán, un territorio del que hablaremos mucho a lo largo de este libro.

CHINA: DE LA GRAN HAMBRUNA A LA FÁBRICA DEL PLANETA

Con la victoria, los comunistas liderados por Mao Zedong fundaron la República Popular de China, heredando un país devastado por la guerra y donde la industrialización no era más que un sueño que nunca se había llegado a cumplir. Las políticas que Mao comenzó a llevar a cabo fueron un tremendo y absoluto fracaso. Tanto es así que, a finales de los 50 y principios de los 60, China sufrió la llamada Gran Hambruna, considerada la más mortal que el ser humano ha conocido y uno de los mayores desastres provocados por el hombre en la historia. Los muertos provocados por este terrible suceso oscilan entre los 15 y los 55 millones de personas. Por si todo esto fuera poco, la tasa de natalidad también cayó drásticamente durante estos años, por lo que el desastre demográfico fue aún más elevado. Al centrarse en apenas tres años, la huella que dejó la Gran Hambruna china en la pirámide de población del país fue mucho mayor que la que dejó la guerra civil, o la invasión japonesa. Una auténtica tragedia.

Sin embargo, tras la muerte de Mao Zedong en 1976, China necesitaba un cambio de rumbo. Y es que mientras que allí la gente se moría de hambre, en Occidente las cosas no podían ir mejor. La economía de Europa y Estados Unidos iba a toda mecha, y China se había quedado muy pero que muy atrás.

El comienzo del gran resurgir del gigante asiático ocurre en 1978, con la llegada al poder de Deng Xiaoping, un poco más abierto de mente que Mao y quien creía que China debía experimentar con eso del capitalismo, siempre desde un férreo control estatal. Con sus apenas 1,52 metros de altura, Deng Xiaoping puso en marcha un importantísimo programa de reformas económicas encargadas de liberalizar la economía e industrializar el país, abandonando muchas de las clásicas doctrinas comunistas que Mao Zedong había puesto en marcha. Los 3 principios innegociables en los que Deng Xiaoping basó sus reformas eran:

1. La progresiva privatización de la economía.
2. El fomento de la competitividad en todos los mercados.
3. La apertura de China a la inversión y a los mercados extranjeros mediante el comercio.

China eligió Shenzhen, un pueblo de pescadores en la frontera con Hong Kong, como su conejillo de indias y permitió allí a empresas nacionales y extranjeras operar en un contexto de libre mercado casi total, en lo que el Gobierno llamó una zona económica especial. Los resultados hablan por sí solos. El pueblo de pescadores de 30 000 habitantes, cuya renta media no superaba el dólar por año en la década de los 70, se ha convertido en una ciudad inmensa y ultramoderna en la que viven actualmente más de 10 millones de personas con una renta media anual de 30 000 dólares. Así que el Gobierno chino pensó, ¿y si replicamos este modelo en ciudades de todo el país? Pues dicho y hecho.

China comenzó a crear zonas económicas especiales por todo su territorio, llegando a popularizar el dicho «un país, dos sistemas». De esta manera, consiguió crear una potente red de fábricas que destacaban por ser capaces de producir a precios ultrabajos. Esto hizo que muchas empresas de todo el mundo comenzaran a producir allí todo tipo de productos, por la simple razón de que era más barato. De esta manera, China se convirtió en una gran potencia exportadora y se la empezó a conocer como la fábrica del mundo. El gigante asiático había despertado y ya nadie lo iba a poder parar.

Los resultados de las políticas de Deng Xiaoping fueron tan espectaculares que 600 millones de ciudadanos chinos salieron de la extrema pobreza. Y es que, desde hace 40 años, la economía china ha crecido de media a un ritmo anual del 9,5 %, una auténtica locura si lo comparamos con Estados Unidos o la propia Unión Europea.

Deng Xiaoping dejó de ser el líder supremo de China en 1989. Sin embargo, había dejado como legado a sus sucesores una semilla que había arraigado en sus cabezas. El cambio de mentalidad de los líderes y de la sociedad china ya había sido efectuado y lo único que hacía falta era optimizar el modelo. Y eso fue lo que hicieron los dos líderes supremos que siguieron a Deng Xiaoping: Jiang Zemin y Hu Jintao. Con este último el PIB de China superó al de potencias europeas como Reino Unido, Francia o Italia, y las reservas de divisas extranjeras que poseía el país se convirtieron en las mayores del mundo.

Sin embargo, lo más importante que dejó Hu Jintao fue la idea de una nueva vuelta de tuerca al sistema chino. A medida que China crecía y la renta per cápita aumentaba, las fábricas chinas se iban haciendo menos competitivas. Esto es lógico, ya que el crecimiento de la economía convirtió a millones de chinos en clase media. Por ello, de repente era más barato para una empresa extranjera fabricar en países como Bangladés o la India que en la propia China. Así que el líder Hu Jintao enseguida vio que el progreso del país pasaba por llevar a cabo un desarrollo científico y tecnológico. El encargado de llevar a cabo esta nueva misión no fue él, sino su sucesor, el actual líder supremo de China, Xi Jinping, que llegó al poder en 2012 declarando que sus políticas iban encaminadas en tres direcciones: fortalecer la nación, elevar el nivel de vida de la población y acabar con la corrupción.

Acabar con la corrupción a gran escala fue importantísimo, pues esta amenazaba con sacudir los cimientos de la nueva China. Con Xi Jinping en el poder se llegó a procesar a más de doscientos mil cargos públicos, lo que ha convertido en muy popular su figura, ganándose la confianza de las clases bajas y medias de la China rural menos desarrollada. Con Xi Jinping, China ha continuado creciendo a un ritmo vertiginoso, algo increíble dado el tamaño tan considerable que tiene ya su economía. Sin embargo, el actual líder chino está cambiando la estructura de la economía del país basando su crecimiento en dos pilares fundamentales.

El primer pilar es el propio mercado chino, que, empoderado y con una capacidad adquisitiva mucho mayor que la que tenía antaño, resulta ser una oportunidad de oro para las empresas del gigante asiático. De una industria focalizada en la exportación de productos manufacturados de bajo coste y calidad dudosa a la producción de bienes de alto valor añadido. Y es que la industria china es hoy en día puntera en diversos sectores tecnológicos e industrias estratégicas. Hablamos de industrias tan importantes como la tecnológica, la robótica, la farmacéutica o incluso la mismísima industria de defensa. El segundo pilar son sus redes comerciales. En 2016 el expresidente de Estados Unidos, Donald Trump, cargó contra las prácticas comerciales de China y anunció que su país impondría nuevos aranceles a algunos productos chinos, desatando una guerra comercial entre ambas naciones. Esto hizo que China acelerase una estrategia que llevaba implantando desde el ascenso al poder de Xi Jinping: el desarrollo y expansión de sus redes comerciales. El gigante asiático lleva muchos años invirtiendo en infraestructuras estratégicas de muchos países en Europa, Latinoamérica, Asia y, sobre todo, en África. Hablamos de una inmensa red de oleoductos, gasoductos, líneas de ferrocarril y puertos marítimos con el fin de desarrollar sus rutas comerciales y no tener tanta dependencia del comercio con su enemigo por el trono mundial, Estados Unidos. Para tan magno proyecto China va a destinar entre 4 y 8 billones de dólares. Hablamos de billones europeos, es decir, lo que en Estados Unidos llamarían *trillions*. Esto ha provocado que hoy en día muchas de las mayores constructoras del mundo sean chinas. Todas estas inversiones se enmarcan dentro de la Nueva Ruta de la Seda y la iniciativa One Belt, One Road.

LA NUEVA RUTA DE LA SEDA Y LA INICIATIVA ONE BELT, ONE ROAD

Es probable que aún no hayas oído hablar de la Nueva Ruta de la Seda y la iniciativa One Belt, One Road; sin embargo, son dos proyectos que van a dar forma al mundo en las próximas dos décadas.

Lo primero es definirlas. La Nueva Ruta de la Seda no es más que el proyecto de una gran ruta de transporte ferroviario que atraviesa gran parte de Europa y Asia y que conecta la ciudad china de Chongqing con Alemania en apenas 16 días. Un tiempo récord si lo comparamos con los 36 días que de media tarda un barco en llegar desde Shanghái hasta Alemania. La Nueva Ruta de la Seda china se va a complementar con la construcción de una gran red de carreteras que conectará las principales ciudades intermedias por las que pasa este ferrocarril. De esta manera, China no solo consigue una ruta más rápida hacia Europa, sino que además consigue dar salida de forma mucho más eficiente a toda la producción de sus fábricas del oeste del país. Y es que estas fábricas cada vez son más numerosas, puesto que al situarse en las regiones occidentales, que aún son más pobres que las regiones de la China oriental más desarrollada, su producción resulta ser más barata y por tanto más interesante para todos los clientes internacionales del gigante asiático.

Sin embargo, esta Nueva Ruta de la Seda se le acabó quedando pequeña a China, y ya con Xi Jinping en el poder, decidieron darle una vuelta al proyecto y combinarla con otro elemento más, el llamado Collar de Perlas, que no es otra cosa que una serie de instalaciones militares y comerciales diseminadas a lo largo de toda la costa del océano Índico cuyo objetivo es asegurar que China nunca pierda la capacidad de operar dichas rutas comerciales que conectan al gigante asiático con África y Europa por mar. Entre estas instalaciones se cuentan el puerto de Hambantota en Sri Lanka, el puerto de Chittagong en Bangladés o el de Kyaukpyu en Birmania.

Si combinamos la Nueva Ruta de la Seda y el Collar de Perlas, ahora sí que sí tenemos la gran joya de la corona, la iniciativa One Belt, One Road, también conocida como la iniciativa de la Franja y la Ruta por los más puristas del español. El objetivo de China es que este macroproyecto se finalice en 2049, momento en el que la República Popular de China cumpla 100 años, y se estima que en 2040 la iniciativa impulse el PIB mundial en 7,1 billones, es decir, en cerca de 6 veces el PIB de España, una auténtica locura. De momento, podemos decir que hasta 2020 China lleva inver-

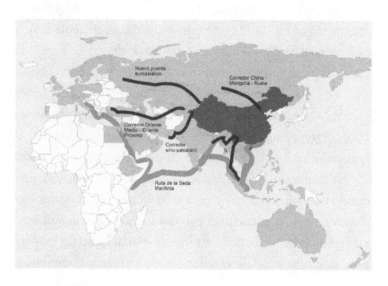

tidos 124 000 millones de dólares en infraestructuras de este tipo. Para China este proyecto es fundamental porque no solo aseguraría el suministro de energía al país, sino que también acabaría de una vez por todas con los cuellos de botella que ahora mismo hay en el comercio internacional entre China y Europa. Algo que en los últimos años, especialmente desde el Covid, ha multiplicado el precio del transporte de mercancías.

El proyecto de la iniciativa One Belt, One Road no lo tenemos que ver como dos rutas comerciales fijas y rígidas, sino como un árbol que tiene dos troncos centrales, pero que luego cuenta con múltiples ramas, de las que a su vez salen otras ramas. Por ejemplo, es cierto que la ruta terrestre principal tiene como final Alemania, pero también lo es que ya se ha establecido una línea que abarca desde la ciudad china de Yiwu hasta Madrid, conectando ambas ciudades en apenas 16 días. Esta ruta se ha convertido en la infraestructura terrestre más larga del planeta, por encima incluso del famoso transiberiano. No es una ruta extraña, ya que en Madrid se encuentra el polígono de Cobo Calleja, donde destacan los negocios de importación mayorista de productos fabricados en China, considerado el mayor recinto empresarial chino en Europa.

También han creado un gran *hub* comercial en la ciudad de Khorgos, en la frontera entra la propia China y Kazajistán, convirtiendo la ciudad en una zona económica especial. Este cambio, que incluye un gran puerto seco en la zona, se complementa con la construcción de vías de alta velocidad en Kazajistán. Pero aún hay más. Para conectar esa zona de la China más occidental con el Índico y de paso rodear y aislar a la India, China también ha comenzado con la modernización y construcción de vías y carreteras que conectan Khorgos y Kashgar con el gran puerto de Gwadar, que es propiedad, cómo no, de capital chino y que se ha construido en la zona de Pakistán. De esta forma es como si el gigante asiático tuviese ya *de facto* una salida al mar por el occidente. Por si fuera poco, todas estas infraestructuras van acompañadas de la construcción de centrales de generación de electricidad para que no falle nada.

Pero el corredor sino-pakistaní no es la única nueva salida al mar que China se ha fabricado. En el sudeste asiático está construyendo otros dos corredores nuevos. El primero une la provincia sureña de Yunnan con Singapur en el estrecho de Malaca a través de Laos, Tailandia y Malasia, y el segundo une Yunnan con el puerto birmano de Kyaukpyu, en el golfo de Bengala. Ambos cuentan ya con oleoductos y gasoductos, y se complementarán también con una línea de ferrocarril y la mejora de las carreteras existentes en la zona. Estos dos corredores son fundamentales, ya que por el estrecho de Malaca circulan al día en torno a 22 millones de barriles de petróleo.

China también está expandiendo sus tentáculos por Europa. En el este, llegó a un acuerdo con el régimen bielorruso de Lukashenko para construir un parque industrial que tiene el estatus de zona económica especial y donde las empresas pagan menos impuestos y tienen además facilidades para desarrollar sus actividades en el área de Smolevichy.

Pero China no solo ha tocado países que son de su bloque geopolítico, pues ha expandido también sus redes comerciales por muchos países de la Unión Europea. Y vamos con ejemplos. Aparte de las líneas férreas comerciales que conectan China con países como Reino Unido, Alemania o España, el gigante asiático ha puesto el foco en los grandes puertos europeos del Mediterráneo. La gigante china Cosco ya controla el puerto del Pireo en Grecia, una operación gracias a la cual Grecia pudo hacer frente al pago de su deuda pública y la mayor puerta de entrada de mercancía al Mediterráneo a través del canal de Suez. De igual manera la china Shanghai International Port Group se ha hecho con el control del puerto de Haifa en Israel. En el Mediterráneo occidental, China cuenta con el puerto de Valencia, así como con los llamados puertos secos de Madrid y Zaragoza.

El Mediterráneo no es el único lugar en el que China ha puesto sus ojos, ya que sus empresas controlan más de 100 puertos en 60 países diferentes. En España, por ejemplo, tenemos el caso del puerto de Bilbao, también controlado por los chinos. Un caso que últimamente ha dado mucho que hablar es el del puerto de Hamburgo, con el que la citada empresa china Cosco se quiere hacer y cuyo plan está causando un verdadero debate político en Alemania y en el seno de la Unión Europea, que ve cómo sus países están cediendo soberanía estratégica a cambio del dinero asiático.

Muy llamativo es el caso del acercamiento entre China y Portugal. Y es que el país luso ha sido el primero de Europa en emitir deuda en yuanes, ha firmado un acuerdo de cooperación bilateral y ha puesto a disposición del gigante asiático el mayor puerto del país, el de Sines, que será un importante *hub* comercial para China en el Atlántico desde donde comerciar con Latinoamérica y con los países del África occidental. Además, la china Three Gorges es la principal accionista de la mayor empresa de Portugal, la energética EDP. De hecho, aunque finalmente no salió, China intentó comprar en 2019 el 100 % de la energética portuguesa.

Pero todo esto no tendría sentido sin incluir a una región que de aquí a 50 años será el motor del crecimiento demográfico mundial, una región llamada a desarrollarse en la segunda mitad de siglo y que reúne todas las condiciones para ser la próxima fábrica del mundo y una gran fuente de materias primas para el gigante asiático. Hablamos, cómo no, de África. Y es que China lo tiene todo pensado. Bajo el mandato de Xi Jinping, el país ha firmado acuerdos de cooperación con todos los países de África y financiado la construcción de todo tipo de proyectos e infraestructuras en el continente negro. Uno de los mayores proyectos se ha llevado a cabo en Yibuti, donde China cuenta con un importante puerto y donde ha establecido su primera base militar fuera de sus fronteras. Y es que Yibuti se encuentra en una zona privilegiada desde la que controlar el estratégico estrecho de Bab el-Mandeb. De hecho, China también ha financiado la construcción de una línea de ferrocarril que conecta Yibuti con Adís Abeba, la capital de Etiopía, donde los chinos igualmente han financiado diversas construcciones. Proyectos en África los hay de todo tipo y condición, desde Marruecos a Mozambique, y esto le ha brindado a China una gran influencia en el continente.

Latinoamérica tampoco se libra de este faraónico proyecto y China también se está haciendo con infraestructuras estratégicas en la región, en lo que algunos analistas ya apodan como la Ruta de la Seda latina. Aunque aquí las infraestructuras todavía no están desarrolladas, sí que hemos visto cómo empresas chinas ya se han hecho con el control de un montón de puertos en países como México, Brasil, Jamaica, Perú o Argentina, entre otros. Todo esto ha llevado a que en Latinoamérica, zona que históricamente ha estado en el área de influencia de Estados Unidos, el principal socio comercial de la región ya sea la propia China.

Pero si esto os parece poco, aún hay más. Y es que gracias al progreso tecnológico, unido al calentamiento global que está derritiendo el duro hielo del Ártico, el ser humano ha sido capaz de crear enormes barcos rompehielos pesados, muchos de ellos con propulsión nuclear, capaces de abrir una nueva ruta comercial entre Asia y Europa, ahorrando un montón de tiempo y, por tanto, de dinero. Vista en un mapa, la ruta puede parecer más larga, pero os diré que es un efecto provocado por representar la forma esférica de la Tierra en un plano.

Bueno, pues a pesar de tener el Ártico a 900 millas de su costa, China ha puesto el ojo en la nueva ruta Ártica que el calentamiento global se ha empeñado en abrir mediante el deshielo del propio océano Glacial Ártico. Para ello, China ya cuenta con su primer barco rompehielos y licencias de explotación de recursos en el Ártico que Rusia gentilmente le ha vendido. Pekín es el socio perfecto para Moscú en el Ártico, ya que unos ponen el territorio y los otros el dinero que permita desarrollar las infraestructuras necesarias para la explotación económica de la región. De igual modo, a ninguno de los dos le conviene que el Ártico caiga en manos de la OTAN. La Rusia de Putin ya ha invitado a China a conectar su Ruta de la Seda con la Ruta del Ártico, y así lograr un win-win en el que Rusia tendría la ayuda china para controlar el Ártico y Pekín obtendría una nueva ruta comercial un 40 % más rápida entre Asia y Europa, además de poder extraer todo tipo de recursos estratégicos del Ártico, que recordemos cuenta con grandes cantidades de petróleo y gas.

Visto todo esto, la iniciativa One Belt, One Road es la columna vertebral económica y comercial que llevará en los próximos años a China al siguiente nivel, y a establecerse como la indiscutible potencia comercial del mundo. Sin embargo, la puesta en marcha de esta iniciativa no estará exenta de piedras en el camino. El auge de la India y las alianzas que Estados Unidos está buscando en la región para parar al Gobierno de la República Popular amenazan este proceso. En cualquier caso, la iniciativa One Belt, One Road seguramente acumule retrasos en su construcción y no esté plenamente operativa hasta el ecuador del siglo XXI. Occidente aún tiene tiempo para prepararse y sacudirse del abrazo del gigante. Por otro lado, con esta iniciativa, China no solo está aumentando y mejorando sus relaciones comerciales y económicas con el resto de países, sino que también está ganando influencia política en ellos.

Si un país en vías de desarrollo depende completamente de tus infraestructuras y de los productos que te vende y te compra, ¿qué votará después en las asambleas de Naciones Unidas? ¿A quién apoyará en caso de conflicto? Poco a poco y silenciosamente, China está comprando la voluntad de muchos países a lo largo y ancho del globo terráqueo, países que se alinearán con la autocracia de su Gobierno y que en muchos casos actuarán como verdaderos títeres. La iniciativa One Belt, One Road es algo que trasciende la simple economía y que es mucho más serio de lo que pueda parecer.

¿Un gigante con pies de barro?

Con todo esto, parece que China se va a comer el mundo. Y sí, seguramente sea así. Y es casi inevitable que se convierta en la próxima gran potencia mundial. Sin embargo, su trayectoria no está exenta de riesgos, ya que tiene varios retos por delante con los que tendrá que lidiar. Entre estos riesgos encontramos la posibilidad de que el país sufra crisis económicas, una posible gran burbuja inmobiliaria o el envejecimiento de una población que llevó al gigante asiático incluso a abandonar en 2015 la política de hijo único que estuvo vigente durante décadas. A pesar de que una población de 1400 millones de personas, es decir, que de cada cinco personas en el mundo, una sea china, es un arma de doble filo. Esta fuerza demográfica es lo que ha hecho que China sea el gran candidato a ser la mayor potencia mundial en los próximos años. Pero también, si, como está ocurriendo, sigue la misma tendencia que en el resto de países desarrollados, la tasa de natalidad decrecerá, la esperanza de vida aumentará y la población envejecerá. Por ello, en 2050 tendrá grandes problemas para mantener a tantísimos millones de ancianos.

Además, China en algún momento tendrá que lidiar con otro gran problema de su país y que le ha permitido tener una ventaja competitiva en muchas industrias. Hablamos de los altos niveles de contaminación que tiene. Si has visitado el gigante asiático, sabrás de buena mano de lo que hablo. Ciudades completamente cubiertas por una niebla de contaminación y un aire al que el resto de los mortales no estamos acostumbrados son su tarjeta de presentación cuando llegas al aeropuerto. Para que os hagáis una idea, en 2019 China emitió más gases contaminantes a la atmósfera que el resto de países juntos. También es la única gran economía que sigue apostando por el carbón como fuente de energía principal para generar electricidad, mientras que el resto de países desarrollados están reduciendo el uso del mismo a pasos agigantados.

Por último, otra de las grandes controversias que sufrirá China en los próximos tiempos será el aumento de su gasto militar. Y es que mantiene muchas tensiones geopolíticas con sus vecinos. Hablamos de países tan importantes como Australia, Japón o la India, por no hablar del conflicto que tiene con Taiwán o de las crecientes tensiones con Estados Unidos. Si China quiere realizar la expansión comercial con garantías, y convertirse en el actor hegemónico a nivel mundial, tendrá que aumentar su gasto militar aún más y su capacidad de disensión, al menos, equilibrando su poderío militar con el de la mismísima primera potencia mundial. Sin embargo, hoy por hoy ambas potencias están muy pero que muy lejos y los estadounidenses se encuentran muy por delante en ese aspecto. El gigante asiático tiene además otro gran enemigo, una potencia que crece a un ritmo brutal y que se perfila como su gran rival regional en lo que queda de siglo XXI.

2
LA INDIA: UN MUNDO SIN LÍMITES

L a India, hace apenas 250 años, allá por el siglo XVIII, era una región muy rica, ya que tenía unas condiciones privilegiadas. Su tierra era superfértil, eran muchísimos habitantes y, sobre todo, estaban en un punto geográfico envidiable. ¿Por qué? Pues básicamente porque se encontraba en medio de una de las mejores rutas comerciales del mundo, ya que por ahí pasaba todo el tráfico mercante que conectaba Asia oriental con Oriente Medio, África y Europa.

EL DOMINIO BRITÁNICO, UN VIRUS DIFÍCIL DE MATAR

La triste historia de la India empieza a principios del siglo XIX. Entonces la India no era la India que todos conocemos ahora, sino un país con un montón de reinos que constantemente se peleaban entre sí. En uno de ellos hubo una rebelión, y los rebeldes tuvieron la gran idea de pedir ayuda a la Compañía Británica de las Indias Orientales, que finalmente se hizo con toda la zona, monopolizó el comercio y comenzó a gobernar en nombre del Imperio británico estableciendo gobiernos títeres. Y así, con la política de plata o plomo, los británicos fueron comprando a los diferentes líderes locales. Tras una rebelión en 1857, la corona británica asumió directamente el control de los territorios de la Compañía Británica de las Indias Orientales y se formó el llamado Raj británico, compuesto por las actuales India, Pakistán, Bangladés y Birmania.

Los británicos no realizaron grandes avances tecnológicos en la India, puesto que no los necesitaban. Cuando había que realizar cualquier tarea, se recurría a más mano de obra, pues había muchísima población. Así, los ingleses no invirtieron nada en industrializar la zona. Al principio este modelo funcionaba, pero el desarrollo tecnológico llegó a tal punto en los países industrializados que simples máquinas eran capaces de hacer más tareas y de mejor calidad que las que podían hacer los inagotables recursos humanos de la India. Además, los británicos tampoco construyeron grandes infraestructuras en la zona. Así que, sin fábricas ni infraestructuras, la India fue quedándose poco a poco atrás, con una producción de bienes insuficiente para su numerosísima población, que no paraba de aumentar.

La pobreza se fue extendiendo y la población india comenzó a protestar contra el dominio inglés. Estas protestas se hicieron más importantes durante la Segunda Guerra Mundial, momento en el que el país sufrió mucho, pues todo lo que fabricaban sus pocas industrias se destinaba al esfuerzo bélico británico. Así que, de la mano de Gandhi, el pueblo indio comenzó una serie de protestas mayoritariamente pacíficas que culminaron en la independencia del país.

El reto al que se enfrentaba la nueva India casi no tenía precedentes en el mundo. El país estaba compuesto por una diversidad brutal, ya que existen hasta 22 idiomas diferentes hablados por al menos un millón de personas, donde la identidad nacional no estaba nada marcada y la población se identificaba más con sus regiones. Además, al final de la Segunda Guerra Mundial, en territorio indio había ya 320 millones de personas. Por su parte, Pakistán y Bangladés se acabarían independizando del país, puesto que hindúes y musulmanes no se podían ni ver.

EMPEZAR UN PAÍS DESDE CERO

Los únicos precedentes de una rápida industrialización para una cantidad de habitantes semejante fue la llevada a cabo por la Unión Soviética tras la Revolución rusa. La India se fijó en este modelo para llevar a cabo su tan ansiada industrialización, pero, a pesar de tomar como ejemplo a la URSS, el Gobierno indio no fue tan lejos y no nacionalizó toda la economía, sino solo las industrias estratégicas del país, como empresas de energía, minería, siderurgia, defensa o transportes, dejando el resto de sectores en manos de la empresa privada.

Que el Gobierno tomase los mandos de estas industrias fue un auténtico fracaso por dos motivos. El primero, porque las empresas públicas suelen ser más ineficientes, sobre todo en países menos desarrollados en los que la corrupción y el enchufismo campan a sus anchas. El segundo motivo es que, históricamente, los puestos cualificados de la economía india habían estado ocupados por británicos y apenas existían dirigentes competentes para gestionar industrias tan importantes a escalas mastodónticas.

Además, en su sector privado la India tuvo que hacer frente a otro gran problema: la competencia que venía del exterior. Cuando se independizó, al país no le hacía falta exportar productos para crecer, le bastaba con satisfacer la demanda de su propia población para industrializarse. Para evitar que empresas extranjeras llegasen a esta población, y todo lo que consumiesen sus ciudadanos fuera *made in India*, se llevaron a cabo medidas proteccionistas con aranceles a productos extranjeros y, sobre todo, una inmensa burocracia para que casi ninguna empresa extranjera se instalase en el país. Esto dio lugar a una falta de competitividad en la que las empresas indias simplemente no tenían muchos incentivos a la innovación, ya que no tenían quien compitiera con ellas. Del mismo modo, la India recibía muy poca inversión extranjera. Así, se entró en un círculo vicioso en el que las empresas públicas no estaban bien gestionadas y las empresas privadas no tenían incentivos para innovar; por tanto, la economía era cada vez más ineficiente, el Estado recibía menos ingresos por sus negocios y por esta razón intervenía cada vez más en la economía, volviéndola a hacer más ineficiente.

EL RENACER DE LA INDIA

A finales de los años 60 y debido en parte a las presiones de Estados Unidos, la India dejó de intervenir tanto en su propia economía y dio un giro hacia un capitalismo más salvaje.

De esta manera se privatizaron algunas empresas y se redujo la burocracia, facilitando a las empresas extranjeras, sobre todo estadounidenses, asentarse en el país. El movimiento fue un *win-win*: Estados Unidos no solo alejó a la India de la órbita de la Unión Soviética, sino que además consiguió que muchas fábricas estadounidenses se instalaran allí y comenzaran a producir a precios ridículos en comparación con las fábricas nacionales. Además, el acercamiento de EE. UU. a la India abrió a los norteamericanos un mercado gigante, ya que la India ha continuado creciendo hasta llegar en la actualidad a los 1380 millones de personas, alcanzando a China como país más poblado del planeta. Además, la India, por su parte, se beneficiaba de esta unión por dos vías. La primera era obteniendo generosas ayudas económicas por parte de su socio americano, y por otro lado atrayendo a su país mano de obra cualificada y consiguiendo que las empresas estadounidenses colaborasen con las indias, creando *joint ventures* o simplemente compartiendo conocimiento.

En un principio la estrategia del Gobierno fue un éxito y su economía comenzó a crecer. En los años 70 en la India apenas había gente muriéndose de hambre, pero la pobreza seguía campando a sus anchas. El Gobierno indio lo tenía claro, la única manera de seguir avanzando era reduciendo el proteccionismo y fomentando la competencia interna, rebajando el papel del Estado en la economía. El problema es que no todo el mundo pensaba así. Posiblemente todos los agentes económicos indios tenían esta visión, pero no a todos les venía igual de bien. La élite de la sociedad, que estaba en los puestos clave de las empresas públicas o al frente de aquellas amparadas por el proteccionismo del Gobierno, se estaba haciendo de oro con la situación. Su país se moría de hambre, sí, pero a ellos les iba muy pero que muy bien. Por ello, esta clase alta india, muy enriquecida, ha estado constantemente presionando al ejecutivo y poniendo palos en las ruedas del país para que estos cambios no se llevasen a cabo. De hecho, hoy en día el país tiene aún mucho por hacer. El Gobierno sigue con sus reformas, pero aún existen aduanas internas entre regiones, una burocracia desesperante, importantes aranceles a la entrada de algunos productos extranjeros y, sobre todo, una corrupción gigantesca.

Afortunadamente para los indios, el Gobierno parece estar ganando la partida en los últimos años, ya que en 2015 la India aún estaba situada en el puesto 142 de las 190 economías donde es más fácil hacer negocios, según el *ranking* Doing Business. Pero en tan solo cinco años, la India ha pasado de la 142 a la posición número 63, según el mismo *ranking* de 2020. De hecho, su economía sigue creciendo a un robusto 6 % anual y se ha multiplicado por siete desde el año 2000, prácticamente alcanzando ya el tamaño de su antigua metrópoli, Reino Unido. Pero esta no es la única razón para el optimismo, ya que la India lleva décadas haciendo una gran apuesta por su gallina de los huevos de oro, que, a pesar de lo que podamos pensar, no es la agricultura, sino su sector tecnológico.

Si vemos a algunos de los CEO de las grandes compañías tecnológicas mundiales como Microsoft, Google o Adobe, son indios. Desde finales de los 80, de la mano del primer ministro Rajiv Gandhi, la India ha apostado por formar a una gran cantidad de informáticos y empleados del sector IT, fundando un montón de universidades y centros tecnológicos de los que han salido algunas de las mentes más brillantes del mundo. Aprovechando que la mayoría de su población habla inglés y de la mano de emigrantes que se habían formado en Estados Unidos, la India se ha convertido en una auténtica fábrica de ingenieros que proporcionan una mano de obra muy barata a las empresas tecnológicas de todo el mundo para el desarrollo de *software*.

La industria de IT representa ya el 8 % del PIB de la India, y unos ingresos de 194 000 millones de dólares, siendo 150 000 de estos millones directamente exportados. El sector emplea ya a 4,5 millones de personas y de momento no deja de crecer año tras año. De hecho, la gran aspiración de los jóvenes de todo el país es poder estudiar en una universidad para acabar trabajando en el sector IT. Si unimos esto al hecho de que las tasas de alfabetización en la India no dejan de crecer, tenemos ante nosotros a un país que puede tomar los mandos mundiales de la tecnología y crecer en el siglo XXI hasta cotas insospechadas. La pregunta es: ¿podrá la India amenazar el reinado de China y Estados Unidos cuando próximamente se convierta en el país más poblado del mundo y desarrolle un poco más su economía? ¿Se convertirá también en un rival del Tío Sam?

3
EL TÍO SAM NO SE RINDE

Para entender el poder actual de Estados Unidos y su potencial futuro es importante empezar repasando los siguientes datos que tienen impacto directo en por qué el país es el que es: solo California tiene más PIB que una gran potencia como Reino Unido, y de ser independiente sería la quinta economía del mundo. EE. UU. gasta más en defensa que la suma de los 7 siguientes países que más gastan. Allí uno de cada 1,2 habitantes es usuario de Internet. 9 de las 10 mejores universidades del mundo y 38 de las mejores 50 están en su territorio. En el momento en el que escribo esto, 9 de las 10 mayores empresas cotizadas del mundo son estadounidenses —solo la petrolera estatal saudí Aramco se cuela en este *ranking*—. Estados Unidos también lidera la lista de Premios Nobel con 385. El siguiente país con más Premios Nobel es Reino Unido, con 132. Así que ya nos podemos hacer una idea de la hegemonía que actualmente EE. UU. tiene en el mundo.

UNA INDEPENDENCIA PROTECCIONISTA

Antes de que las Trece Colonias que más tarde formarían Estados Unidos en la costa oeste del país se independizasen, estas ya eran un lugar relativamente desarrollado en el que la Revolución Industrial se abría paso. Ocupar un lugar geográfico que no era especialmente fértil y en el que no había ninguna fuente abundante de riqueza como el oro obligó a los entonces colonos británicos a buscarse la vida y sobre todo a comerciar con el exterior. De esta manera, la economía del primitivo Estados Unidos se fue especializando y haciéndose más y más competitiva en el mercado internacional. Sin embargo, los colonos tenían que repartir ese beneficio pagando importantes impuestos a Londres, su metrópoli.

El malestar de los colonos por sentirse exprimidos por Londres, y el poco cuidado que la metrópoli prestaba a sus colonias norteamericanas, llevó a que los primeros se quisieran independizar y así montarse su propio chiringuito, cosa que consiguieron tras la guerra de la Independencia de Estados Unidos. En 75 años, las Trece Colonias se habían expandido una barbaridad, sometiendo a los indios nativos y echando de allí a base de talonario a holandeses, alemanes y sobre todo a franceses y españoles. También su pronta industrialización permitió a Estados Unidos tener una industria armamentística competente, con la que pudo tomar una gran parte de territorio del recién fundado México. En esta guerra finalizada en 1848 Estados Unidos se haría con los actuales estados de Arizona, California, Nevada, Utah, Nuevo México y partes de Colorado, Wyoming, Kansas y Oklahoma.

Si bien el territorio inicial de las Trece Colonias no era lo suficientemente extenso y rico, el territorio que Estados Unidos amasaba en 1850 sí que tenía todo lo necesario para que un país pudiera desarrollarse. Hablamos de ingentes cantidades de petróleo, tierras fértiles, barra libre de madera y una gran industria minera. De hecho, hoy por hoy Estados Unidos ocupa el primer lugar en la producción de carbón, uranio, molibdeno, fosfatos, magnesio, plata, oro, platino y aluminio, y es de los principales productores de hierro, plomo, zinc, mercurio y wolframio, entre otros. Esta riqueza en recursos naturales aumentó aún más cuando el país compró Alaska a Rusia por 7,2 millones de dólares, lo que incorporó a los dominios estadounidenses más tierras fértiles, ganadería, importantísimos caladeros de pesca en el mar de Bering, oro y sobre todo enormes yacimientos de gas y petróleo.

Por todo esto, Estados Unidos, al contrario que Reino Unido, nunca ha tenido que preocuparse demasiado por tener colonias o controlar territorios en otras partes del mundo, con todo el coste que ello conlleva, sino que le ha valido con tener simples bases militares desperdigadas por el mundo donde sus fuerzas armadas pueden proyectar su poderío militar cuando sea necesario. Pero no adelantemos acontecimientos.

El territorio conquistado durante la primera mitad del siglo XIX también le dio a Estados Unidos defensas naturales contra invasiones o ataques extranjeros. A diferencia de Alemania, Francia o la Unión Soviética, no se ha tenido que preocupar seriamente por sus fronteras en territorio continental más allá de sus disputas iniciales con México, algo que sin duda le ha dado una gran ventaja. No obstante, ser un país grande, tener la bendición de poseer ingentes recursos naturales y estar relativamente aislado de tus enemigos no es garantía de nada. Ejemplos tenemos muchos, como

Brasil, Argentina o la India. Así que a continuación veremos qué pasos dio Estados Unidos para hacerse tan especial.

A pesar de que hoy veamos a la potencia norteamericana como el paladín del libre comercio, la historia no fue siempre así. En un principio, el Gobierno estadounidense intervenía bastante en la economía y era muy pero que muy proteccionista con sus industrias estratégicas. ¿Qué significa ser proteccionista? Pues subvencionar a sus empresas para que estas no pierdan dinero, o poner aranceles a la entrada de productos extranjeros para que estos no puedan competir con los productos nacionales en Estados Unidos. Esta situación provocó que muchas industrias no estuviesen incentivadas a innovar, a mejorar sus productos y servicios o a optimizar sus costes.

LA DEMOCRACIA, GASOLINA PARA EL PROGRESO

Afortunadamente para Estados Unidos, el país se construyó sobre una base, la democracia. Es cierto que la democracia estadounidense no era ni mucho menos perfecta: hasta 1870 no podías votar si eras negro o hasta 1919 si eras mujer, pero al menos los efectos de este sistema en la economía sí estaban vigentes desde un principio. ¿Y cuáles eran estos efectos? Muy sencillo, si un presidente no es un buen gestor puede ser relevado de su cargo cada cuatro años, y si una política económica ha fracasado puede venir otro presidente detrás y hacer justamente lo contrario.

De esta manera, Estados Unidos comenzó a pivotar de una economía fuertemente protegida por el Estado a una economía menos intervenida en la que los emprendedores tuvieron un papel fundamental, desarrollando las diferentes industrias del país, creando una cultura del emprendimiento que ha llegado hasta nuestros días. Para que os hagáis una idea, este cambio de mentalidad fue para la economía estadounidense como descorchar una botella de champán después de ser agitada. Un ejemplo de cómo Estados Unidos motivó a su ecosistema emprendedor fue con la ley de patentes, la cual aseguró a los inventores los beneficios de sus creaciones durante un tiempo determinado. Aunque parezca algo lógico, en pleno siglo XIX esto no era lo habitual y la mayor parte de los países no aseguraban la propiedad intelectual, al menos no de la forma que lo hacía Estados Unidos.

Además, la democracia consiguió que Estados Unidos fuese estable y no sufriera ninguna guerra civil, levantamiento o revolución más allá de la guerra de Secesión, finiquitada en 1865. Algo impensable en gran parte de las naciones europeas que sí vivieron grandes episodios de conflictividad social provocados por el poder de las monarquías absolutistas o la llegada de diferentes dictadores y caudillos al poder.

Por tanto, ya tenemos tres claves en el desarrollo de Estados Unidos: por un lado, un territorio rico en materias primas con defensas naturales; por otro, un sistema democrático sano que repele la inestabilidad política; y por último, un ecosistema emprendedor muy fuerte.

Y entonces llegó el siglo XX cargado de oportunidades. Durante la segunda mitad del siglo XIX y durante los inicios del siglo pasado, Estados Unidos se centró en mejorar sus infraestructuras para enlazar sus minas con sus industrias y para conectar ambas con sus puertos. De esta manera, se construyeron miles de kilómetros de carreteras y de vías férreas y se

mejoraron los puertos, especialmente aquellos que los enlaza-
ban con Europa. Pero lo más destacable de este periodo, en el
que si bien ya era un país muy importante no era la indiscutible
potencia mundial, fue su postura de aislacionismo. El aislacionismo era prácticamente una religión allí y consistía en no tener ni amigos ni enemigos, sino simples socios comerciales. Y
no, Estados Unidos no tenía muchos reparos morales a la hora
de con quién hacer negocios. Convertirse en el principal *part-
ner* comercial de medio mundo le dio al país el empujón que le
faltaba para hacerse con el mando de la economía mundial.

Mientras que las potencias europeas hacían crecer sus
economías de forma expansiva tomando nuevas colonias,
Estados Unidos lo hacía de forma intensiva, es decir, mejorando y optimizando todos sus procesos productivos dentro
de su territorio y centrándose en crear productos de alto
valor añadido. Y así es como la industria estadounidense se
fue poco a poco convirtiendo en la mayor industria del
mundo, que además era intensiva en tecnología. De repente,
empezaron a crearse fábricas de todo tipo por todo el territorio y los norteamericanos comenzaron a necesitar trabajadores, muchos trabajadores. Así que comenzó a llegar a
Estados Unidos una ingente cantidad de inmigrantes europeos que, en lugares como Chicago, Boston o Nueva York,
buscaban escapar de la pobreza y subirse al tren de la tierra
prometida. Y esto le dio al país el empujón que faltaba. Los
estadounidenses ya no solo eran más ricos que la media, ahora
eran muchos y estaban listos para convertirse en la indiscutible potencia mundial, forjando uno de los mayores imperios que ha visto la humanidad, cuyo auge solo fue interrum-
pido por la Gran Depresión que siguió al crac del 29.

Un año antes del comienzo de la Segunda Guerra Mundial, Estados Unidos tenía un ejército del tamaño del de Polonia. El presidente Roosevelt no quería ni oír hablar de la guerra y la industria estadounidense se limitaba a vomitar material militar para ayudar a los aliados, especialmente a Inglaterra. Sin embargo, el ataque japonés a Pearl Harbor metió a Estados Unidos de lleno en la guerra y cambió la historia para siempre. De la noche a la mañana, Estados Unidos creó un superejército, tan grande que era capaz de rivalizar con la mismísima Wehrmacht o con el propio Ejército Rojo. Durante la Segunda Guerra Mundial, Estados Unidos entendió la importancia de contar con la supremacía militar mundial y necesitaba que su superioridad fuera tan grande que le permitiese no solo tener la disuasión necesaria para garantizar su integridad territorial, sino también para poder influir a cualquier país en función de sus intereses.

Y es que el mundo cambió completamente tras la Segunda Guerra Mundial. La polarización en dos bloques durante la Guerra Fría trajo por primera vez un componente ideológico al desarrollo de Estados Unidos: en Washington tenían que demostrar que el capitalismo era mejor que el comunismo de Moscú y Pekín. Para entonces, Estados Unidos tenía ya una de las grandes ventajas que uno tiene cuando es la gran potencia mundial, el dólar. El dólar se convirtió en la divisa de referencia en los mercados internacionales, lo que desde entonces dio al país la capacidad de poder imprimir más dinero que el resto sin causar demasiada inflación, puesto que el dólar es la moneda más demandada del mundo. Durante la Guerra Fría, la industria de bienes y servicios estadounidense vivió su época dorada. Los hogares de más de 200 millones de personas se llenaron de televisores, lavadoras, microondas; la clase media comenzó a comprarse coches y los aviones estimularon la industria del turismo. Mientras, las industrias de defensa y la aeroespacial se beneficiaban de la carrera armamentística y espacial entre Estados Unidos y la Unión Soviética. A principio de los años 70, la nación vio cómo la Organización de Países Exportadores de Petróleo pactó para subir los precios del crudo a nivel mundial, causando una importante crisis en todo el globo. Fue entonces cuando la política exterior de EE. UU. cambió y dejó de centrarse tanto en cuestiones ideológicas para hacerlo en cuestiones económicas, asegurando el control mediante alianzas o mediante intervenciones militares de las fuentes de combustibles fósiles. De esta manera, el país comenzó a tejer alianzas en Oriente Medio, estallando las dos guerras del Golfo. Pero para entonces, y sin ningún rival geopolítico por la caída de la URSS, Estados Unidos ya se estaba preparando para dar un nuevo golpe de mano.

A la par que se iba dando este increíble crecimiento, fue creando un sistema universitario espectacular mediante el desarrollo de las mejores universidades y centros de investigación del mundo. Mecas del conocimiento como Harvard, Stanford, el MIT o Berkeley se integraron de manera perfecta con el sector privado y Estados Unidos vivió una nueva revolución, la revolución del conocimiento. Eso sí, si bien ha sido capaz de aglutinar las mejores universidades a nivel mundial, nunca ha llegado a conseguir que estas fuesen accesibles a toda su población. En cualquier caso, al calor del conocimiento, la llegada de internet trajo una nueva oleada de empresas entre las que destacan nombres como Microsoft, Apple, Google, Amazon, Facebook y Tesla, y otras más pequeñas y quizás algo menos conocidas, pero también claves, como Nvidia, Dell, Salesforce, Adobe o PayPal. Y así es como Estados Unidos ha llegado a ser la gran potencia que es hoy. Una mezcla perfecta de explotación de materias primas, potencia industrial puntera y grandes empresas de servicios capaces de cambiar el mundo. Sin embargo, ahora la pregunta que cabe hacerse es: ¿será capaz de mantener su posición de dominancia mundial?

AMENAZAS Y OPORTUNIDADES DEL DOMINIO MUNDIAL ESTADOUNIDENSE

En 2010 China se perfiló como una superpotencia capaz de destronar a Estados Unidos. Lo mismo ocurre con el despertar de la India, cuyo crecimiento ya hemos visto que presagia el surgimiento de otro duro competidor para el gigante norteamericano. Realmente es difícil de predecir qué pasará con EE. UU. más allá de que, a buen seguro, mantendrá su pugna económica con China en el Indo-Pacífico. Lo que sí podemos analizar hoy en día son los elementos que amenazan este dominio mundial a futuro y aquellos que se presentan como oportunidades para que Estados Unidos pueda seguir a la cabeza mundial de aquí a finales de siglo. Empecemos analizando las grandes amenazas. ¿Por qué Estados Unidos podría perder su trono?

Estados Unidos tiene un problema con respecto a la India y China que simplemente se resume en que hay pocos estadounidenses. Estamos hablando de una población actual de 330 millones aproximadamente, frente a una población de más 1400 millones de personas, que es la que tienen tanto China como la India. Aplicando la simple aritmética, podemos ver que con que cuatro chinos sean capaces de producir lo que produce un estadounidense, la economía de ambos países será prácticamente igual en tamaño, lo cual plantea que a medida que se desarrollen sus competidores a la velocidad que lo han venido haciendo, muy por encima de los niveles de crecimiento de Estados Unidos, a los estadounidenses les costará cada vez más mantener esta hegemonía. Y es que las universidades chinas cada vez son mejores y en la India la tasa de alfabetización casi se ha duplicado en los últimos 40 años. Por ello, a la larga y con una mayor igualdad de condiciones, es posible que las ventajas competitivas de Estados Unidos se vayan reduciendo paulatinamente.

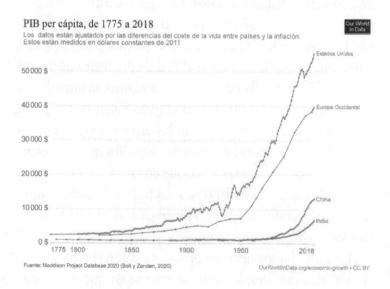

PIB per cápita, de 1775 a 2018

Los datos están ajustados por las diferencias del coste de la vida entre países y la inflación. Estos están medidos en dólares constantes de 2011

Fuente: Maddison Project Database 2020 (Bolt y Zanden, 2020)

OurWorldinData.org/economic-growth • CC BY

Otro motivo que invita al pesimismo es una opinión que hoy en día es casi unánime entre su población, la cual habla de un país tremendamente polarizado entre demócratas y republicanos. Es muy probable que el bloqueo de las instituciones y una mayor conflictividad política y social pueda derivar en que Estados Unidos se destruya a sí mismo desde dentro. Obviamente, esta situación es en extremo catastrofista, pero sí es cierto que pocas veces ha sido tan palpable la polarización de su sociedad. Y recordemos que precisamente la estabilidad política y la ausencia de conflictos sociales ha sido una de las claves del auge de Estados Unidos; tanto es así que en el país de las hamburguesas no existe un cuerpo de antidisturbios unificado para todos los estados, sino que cada estado se lo monta de manera independiente y a menudo sin efectivos especializados en esta materia.

Otro hecho que puede poner en peligro la supremacía de Estados Unidos es una hipotética caída en la demanda del dólar. En los últimos años China se ha convertido en el principal socio comercial de la mayor parte de los países del mundo fuera de América del Norte y la Unión Europea. Es cierto que hasta ahora, en la mayor parte de las transacciones comerciales entre terceros países y China, se utiliza el dólar como moneda de referencia; sin embargo, esto puede perfectamente cambiar. Desde el año 1500 hemos visto cómo la principal moneda de reserva mundial ha ido cambiando en función de quién llevase en ese momento la voz cantante en el mercado internacional. El ducado portugués dio paso a la dominancia del real de a ocho español. Con el declive del Imperio, fue sustituido por la libra francesa hasta que el gran Imperio británico consiguió hacer de la libra esterlina la moneda de reserva mundial. Y cuando parecía que la magnificencia del Imperio británico mantendría la libra esterlina siempre en el top, llegó el dólar para convertirse en la moneda en la que todo el mundo creía.

A sabiendas de que ser la moneda de reserva mundial es un tema que tiene más que ver con la conveniencia y con la confianza, China ya está maniobrando para arrebatarle al dólar su trono, y es que la decisión de Estados Unidos y la Unión Europea de sancionar a Rusia limitando su capacidad de realizar pagos y cobros en dólares ha hecho saltar todas las alarmas en Pekín. Por ello, el gigante asiático ya trabaja con sus principales aliados para crear una red de pagos alternativa con la que poder poco a poco plantar cara al dominio del todopoderoso dólar.

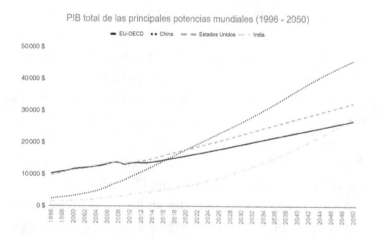

PIB total de las principales potencias mundiales (1996 - 2050)

EU-OECD · · China — — Estados Unidos ···· India

Otra razón que limitará a futuro el poder de Estados Unidos es el fin de su hegemonía militar. Desde hace años China también está ampliando a marchas forzadas sus fuerzas armadas. Con el conflicto de Taiwán en el corazón y con la iniciativa One Belt, One Road en la cabeza, aumenta año tras año su presupuesto militar. De hecho, la armada china ya tiene en activo más barcos que la US Navy; eso sí, por tonelaje esta sigue siendo la reina de los mares. Es cierto que el Ejército chino es un ejército completamente carente de experiencia militar moderna y que su armamento, como los nuevos cazas polivalentes de quinta generación J-20, es una incógnita en combate. Aun así, parece claro que los tiempos de supremacía militar total quedarán lejos de los niveles alcanzados tras la derrota de la URSS, cuando Estados Unidos no tenía ningún ejército que le hiciera sombra.

Por tanto, la capacidad de disuasión, y la capacidad de influencia norteamericana fuera de sus fronteras, indudablemente se verá mermada. Lo mismo ocurrirá en otras esferas donde la tecnología estadounidense era la mejor y donde ya están surgiendo rivales chinos de mucha entidad. Empresas como Alibaba ya miran de tú a tú a sus homólogos estadounidenses de la talla de Amazon. Otro ejemplo es ByteDance, que ha sido capaz de pulir tanto su algoritmo de recomendación de contenido de TikTok que ahora mismo este ya es más eficiente que su homólogo de *apps* de Meta como Facebook o Instagram. Lo mismo ocurre en otras disciplinas como la inteligencia artificial o la computación cuántica, donde los chinos avanzan con pie firme.

Sin embargo, en Estados Unidos también hay motivos para el optimismo. A pesar de la polarización de su sociedad, el país sigue siendo estable y sus inmejorables tierras aún albergan casi todo lo necesario para que sus ciudadanos puedan ser autosuficientes en caso de conflicto. De hecho, asegurar su cadena de suministros es ahora mismo el objetivo número uno del Gobierno estadounidense. Y es que la situación del COVID-19 ha sido un aviso para navegantes. Estados Unidos debe producir y procesar tierras raras, debe tener acceso a minerales estratégicos como el silicio o asegurarse el suministro de coltán. También está inmerso en un proceso de transición energética para el desarrollo de energías renovables que conviertan a sus empresas en limpias y sostenibles. Cómo no, Estados Unidos ya ha planeado un drástico aumento de su capacidad de producción de semiconductores y también va a comenzar en el Amargosa Valley (Nevada) a producir litio a lo bestia. Además, la nación no está muy amenazada por la falta de agua, ya que posee grandes depósitos de agua dulce y una gran infraestructura para distribuir esta por todo el país.

Por otro lado, la competitividad y la productividad estadounidenses tampoco están en tela de juicio. Como ya he mencionado, cuentan con la mayor parte de las mejores universidades del mundo. Además, sus empresas tecnológicas cuentan con ventajas competitivas que no se pueden anular de la noche a la mañana. Por ejemplo, 7 de las 10 marcas más valiosas del mundo son estadounidenses. Este *ranking* es liderado por Apple, pero en él también se incluyen Amazon, Microsoft, Coca-Cola, McDonald's o Disney. Tan solo la surcoreana Samsung, la japonesa Toyota y la alemana Mercedes se cuelan en este *ranking*, en el que no hay ni una sola empresa china. Además, las empresas estadounidenses tienen un as en la manga: actualmente miles de millones de personas y cientos de miles de empresas utilizan en casi todo el mundo los servicios de alguna empresa estadounidense.

Dispositivos Apple, servicios de almacenamiento en la nube de Amazon Web Services, los servicios de Gmail, Android, Google Maps, YouTube y las búsquedas de Google del gigante Alphabet, los servicios de *streaming* de Netflix, los coches de Tesla, las reservas de hotel de Booking o las tarjetas de crédito de Visa y Mastercard. Todas estas empresas están recabando incontables datos diarios con los que alimentar sus sistemas de inteligencia artificial, que les permiten ser aún mejores que sus competidores. En otras palabras, a medida que todos los servicios de las empresas estadounidenses se utilizan más, estos cada vez son mejores.

En el plano militar, Estados Unidos es perfectamente consciente del incipiente papel que China está desempeñando y ya está elaborando nuevas doctrinas de guerra que además puede probar sobre el terreno en situaciones reales en todos aquellos lugares donde apoya misiones de paz, luchas antiterroristas o en conflictos regionales donde tiene algún aliado luchando, como es el caso de Ucrania. Además, durante al menos la próxima década, EE. UU. continuará teniendo un presupuesto militar considerablemente mayor al chino, por lo que podrá financiar programas de I+D+I con los que preservar esa ventaja estratégica durante varias décadas más.

Sin embargo, el *summum* de la superioridad norteamericana es algo que es muy difícil de replicar para China, algo que en igualdad de condiciones al gigante asiático puede llevarle décadas desarrollar. Hablamos de una industria de defensa competente como la de Estados Unidos. Competidores de la talla de Lockheed Martin, Northrop Grumman o Boeing son todo un seguro de vida para el país de las barras y estrellas. Se trata de empresas con ventajas competitivas enormes, capaces de desarrollar tecnologías únicas y que llevan décadas de experiencia a sus espaldas produciendo el mejor *hardware* y *software* militar del mundo. Mientras Estados Unidos continúe mimando a su irreplicable industria de defensa, puede estar seguro de que a corto y medio plazo su hegemonía no corre peligro.

Por si todo esto fuera poco, Estados Unidos cuenta con la OTAN, una alianza militar cada vez más poderosa y que, tras el conflicto de Ucrania, ha resurgido de sus cenizas, dado que pasaba por sus horas más bajas desde el fin de la Guerra Fría. Si el país es ya de por sí invencible en cualquier conflicto armado contra otro país, la OTAN no tiene rival. Por tanto, haría falta todo un cataclismo, un cisne negro de proporciones bíblicas para que Estados Unidos pierda su hegemonía mundial antes de 2050. Sin embargo, a un plazo mayor, con una China ya madura y militarmente capacitada, y una India desarrollada que alcance los 2000 millones de habitantes, el escenario se vuelve mucho más borroso.

4
EL VIEJO CONTINENTE NO QUIERE MORIR

L a Unión Europea es hoy en día un actor internacional de primer orden. En total, sus países miembros producen más del 15 % del PIB mundial, sus 450 millones de ciudadanos representan el mayor mercado común del mundo y la organización está compuesta por 27 países democráticos estables en los que el Estado de derecho está garantizado y todos los Estados miembros han alcanzado ya un grado de desarrollo económico importante.

Sin embargo, la Unión Europea ha afrontado en la última década una crisis tras otra: burbujas inmobiliarias, deuda, un Brexit, el COVID-19 y la elevada inflación derivada de este y del conflicto entre Rusia y Ucrania, que también ha golpeado duro en el corazón del Viejo Continente. No son pocos los retos que tiene por delante, por ello es importante preguntarse cuál será el futuro de la Unión Europea y si esta puede adaptarse al mundo cambiante en el que vivimos para mantener su posición de privilegio entre las potencias mundiales.

Para tratar de entender estas cuestiones nos tenemos que ir a la Europa occidental justo después de que finalizara la Segunda Guerra Mundial. El panorama era desolador. En el sur, España y Portugal vivían sendas dictaduras y especialmente España lo estaba pasando muy pero que muy mal, casi completamente aislada del resto del mundo y desangrándose en una posguerra que incluso había traído hambre al país. No obstante, más al norte la situación no era ni mucho menos mejor. El norte de Francia había sido arrasado y los cuatro años de ocupación alemana habían pasado factura. Bélgica y Países Bajos fueron duramente golpeados por bombardeos y combates. Lo mismo ocurría con la Alemania Occidental, en poder de los aliados, que había sido casi completamente destruida y donde apenas quedaba una fábrica o industria en pie. Situación similar era la vivida en la mitad sur de Italia, mientras que los centros industriales del norte también fueron salvajemente bombardeados. La posición en Reino Unido tampoco era muy esperanzadora, las principales ciudades británicas habían sido muy golpeadas por la Luftwaffe y los cohetes V-1 y V-2 alemanes. Además, la batalla de Inglaterra había golpeado el corazón industrial y logístico británico. En definitiva, Europa estaba patas arriba, y con los muertos aún calientes los odios entre europeos estaban más vivos que nunca.

Fue entonces cuando las principales potencias del Viejo Continente, con la supervisión de Estados Unidos, decidieron que había que hacer algo para acabar de una vez por todas con los incontables siglos de constantes guerras. ¿Y cuál era la mejor forma de evitar futuros conflictos? Realmente había dos opciones, la primera era armarse hasta los dientes con un gran arsenal que asegurase la destrucción mutua de los países en liza y crease la disuasión necesaria para que ninguna potencia nuclear tuviera incentivos para comenzar una guerra. Sin embargo, esta idea a Estados Unidos no le hacía mucha gracia, pues que empezasen a proliferar las armas nucleares no solo aumentaba las posibilidades de que algún Estado pudiera recurrir a ellas, sino que además disminuía el poder relativo y la capacidad de influencia de aquellos que no las tenían. Además, en Europa hay muchas naciones pequeñas que no se podían permitir los carísimos programas nucleares que por aquel entonces hacían falta para desarrollar armamento nuclear. Por tanto, la siguiente opción era crear interdependencias entre países superfuertes, tanto que tuviesen que pagar un coste demasiado alto en caso de iniciar un conflicto militar. ¿Y eso cómo se consigue? Pues mediante el comercio internacional. Esto es muy sencillo de entender, el comercio siempre es beneficioso para la economía de quien comercia. ¿Por qué? Bueno, lo que hacen los países una vez han desarrollado redes comerciales con otros países es centrarse en aquello que mejor saben hacer para venderlo en el exterior, mientras que aquello en lo que no tienen tanto *expertise*, se lo compran a otro país. De esta manera cada país se especializa en lo mejor que hace y por tanto es capaz de mejorar cada vez más sus productos, bien en términos de calidad, bien aprovechando las economías de escala para abaratar costes. Y esto es justo lo que Europa hizo.

En 1948 Estados Unidos salió al rescate de Europa con el Plan Marshall, que inundó el Viejo Continente con 20 000 millones de dólares de la época. Aquel plan tenía como objetivo reconstruir la Europa devastada por la guerra, modernizar la industria que quedaba y hacer del continente de nuevo una región próspera. El objetivo estadounidense no era del todo altruista. Por un lado, necesitaban a Europa como cliente para exportar todos los bienes y servicios que la industria norteamericana estaba pariendo sin cesar. Por el otro, EE. UU. no podía permitirse una Europa pobre a las puertas de la Unión Soviética, ya que la Guerra Fría acababa de dar comienzo, y desde Washington temían que toda la Europa occidental pudiera caer en manos del comunismo.

Y así, con los países europeos en plena reconstrucción, los franceses insistieron para que se firmara el Tratado de París, el cual estableció la Comunidad Europea del Carbón y del Acero, más conocida en España como la CECA. El tratado establecía un mercado común libre de aranceles para el carbón y el acero sin que ningún Gobierno pudiese subvencionar su industria o adoptar cualquier medida que fuese contra la libre competencia en el sector. Los firmantes del tratado fueron Francia, Alemania, Italia, Bélgica, Países Bajos y Luxemburgo. El experimento gustó en Europa y podemos decir que la CECA fue la semilla de la futura Unión Europea. Para continuar con el resurgimiento de Europa y para alejar aún más los fantasmas de una nueva guerra en el continente, los miembros de la CECA decidieron ir un paso más allá. Las opciones eran iniciar una integración en términos de defensa, una política o una económica.

Para no agitar los sentimientos nacionalistas antes de tiempo, se decidió que lo más lógico era comenzar por la económica. Por ello, siete años después de la firma del Tratado de París, en marzo de 1957, se firmaron los Tratados de Roma, que establecieron la Comunidad Económica Europea (CEE) y la Comunidad Europea de la Energía Atómica (CEEA o Euratom). La primera establecerá un mercado común para todos los países miembros, por lo que la falta de aranceles y las garantías de libre competencia no solo se van a aplicar al acero y al carbón, sino a toda la economía. La Comunidad Económica Europea también impulsó la Política Agrícola Común, que establecía la libre circulación de productos agrícolas y la adopción de subvenciones, cuotas y aranceles para proteger los productos europeos y que los agricultores pudiesen prosperar sin que les afectase la competencia del resto del mundo. La Comunidad Europea de la Energía Atómica tenía como objetivo impulsar el desarrollo de la energía nuclear para sustituir al carbón como agente de energía principal. Un carbón que no solo era altamente contaminante, sino que también se estaba acabando y cada vez era más difícil y caro de extraer.

Al calor de la crisis del petróleo, la CEE comenzó a crecer y Reino Unido, Dinamarca e Irlanda se unieron al club. Lo mismo hicieron Grecia en 1981 y España y Portugal en 1986. En 1985, casi todos los miembros de la CEE firmaron el Acuerdo de Schengen, que establecía la libre circulación de personas y una política de aduanas común. De hecho, a este acuerdo también se han adherido otros países que no pertenecen a la Unión Europea, como Noruega, Suiza, Islandia y Liechtenstein. Desde entonces, los acuerdos de Schengen son una pieza fundamental de la unión política europea.

En 1992, Europa da un paso adelante y se firma el Tratado de Maastricht, que acabará con la CEE para crear la Unión

Europea. Pero ¿qué fue lo que cambió? Hasta 1991, la Comunidad Económica Europea descansaba sobre un pilar formado por el Tratado de la Comunidad Europea, la CECA y la Euratom. Pues bien, con la firma del Tratado de Maastricht se añadieron otros dos pilares. Uno es la política exterior y de seguridad común (PESC), y el otro, la cooperación policial y judicial en materia penal (CPJ). En un mundo que hasta entonces había sido dominado por los bloques soviético y estadounidense, la PESC tenía como objetivo poner a la Unión Europea en el mapa como un actor geopolítico de primer nivel. El objetivo era que se acabase eso de que cada país europeo fuese haciendo la guerra por su cuenta en el planeta, ya que el Viejo Continente, si quería pintar algo en el panorama internacional, tenía que presentarse ante el resto de las grandes potencias como una sola voz completamente cohesionada. El tercer pilar, la cooperación policial y judicial en materia penal, también era clave para el desarrollo de la Unión Europea, sobre todo en materia antiterrorista. De hecho, en España hubo un antes y un después de la firma del Tratado de Maastricht, ya que por fin Francia empezó a involucrarse en la lucha contra ETA en territorio galo. En enero de 1995, Austria, Finlandia y Suecia entraron en la UE; en 2004 lo hicieron Chipre, República Checa, Estonia, Hungría, Letonia, Lituania, Malta, Polonia, Eslovenia y Eslovaquia; en 2007, Hungría y Rumanía; y en 2013, Croacia.

Pero antes de seguir nos tenemos que parar en otro hito clave de la Unión Europea. En 1990 comenzó la llamada Unión Económica y Monetaria europea (UEM), momento a partir del cual parte de los países miembros comenzaron a delegar su política monetaria en favor de la Unión Europea.

La Unión Económica y Monetaria dio como resultado la puesta en marcha del euro, la moneda única de la eurozona. Eso sí, países muy importantes de la Unión como Reino Unido, Polonia o Suecia nunca se unirán a esta, a pesar de tener el imperativo legal de hacerlo. El euro entró en circulación el 1 de enero de 2002 y su implantación tuvo luces y sombras. La moneda común ha sido capaz de convertirse en la segunda moneda de referencia mundial por detrás del dólar. Además, su valor ha sido fuerte y constante y la gestión del Banco Central Europeo ha funcionado siempre bien.

UNA UNIÓN NO MUY UNIDA

El gran problema del euro se vio en la crisis de 2008, cuando los países que pasaban por apuros, especialmente los del sur de Europa, y aquellos que no estaban sufriendo tanto no tenían los intereses alineados en materia de política monetaria. Y es ahí donde se ve el punto flaco de la Unión Europea. Existen situaciones en las que países miembros tienen intereses contrapuestos y donde llegar a acuerdos es muy difícil mientras los fondos de cohesión europeos y la integración política no homogeneicen la situación de toda la Unión. Una oportunidad perdida para Europa fue el referéndum sobre el Tratado de 2005 que pretendía establecer una constitución para Europa. En este referéndum se votaba si los países debían ceder más soberanía política a cambio de tener una constitución europea común. No venía a sustituir las constituciones de los países miembros, pero sí a otorgar más fuerza legal a las directrices europeas. A pesar de que en España arrasó el sí por más del 80 % de los votos, la propuesta fue rechazada en Francia y Países Bajos, echando abajo el proyecto para siempre.

Desde entonces el Tratado de Maastricht se ha ido actualizando en diferentes cumbres y las instituciones de la Unión Europea se han asentado. La UE se ha repuesto con inusitada facilidad del traspiés que supuso el Brexit, mientras que Reino Unido aún está pagando las consecuencias de su abandono. Actualmente, Albania, Moldavia, Montenegro, Macedonia del Norte, Serbia, Turquía y Ucrania son candidatos a entrar en la Unión, y Georgia, Kosovo y Bosnia y Herzegovina son candidatos potenciales. El futuro de la misma parece sólido, pero ¿puede Europa competir en el nuevo mundo que le espera?

LOS PROBLEMAS FUTUROS DE LA UNIÓN EUROPEA

Europa en general y los países de la Unión Europea en particular, especialmente aquellos que se encuentran en la zona occidental, tienen un problema muy grande y que viene de muy atrás. El Viejo Continente fue la primera región del mundo en industrializarse y comenzar a desarrollarse como una economía moderna. Esto ha provocado que sea la zona que se encuentra más avanzada en su proceso de transición demográfica. Y, en consecuencia, la Unión Europea ha tocado techo en su escalada demográfica y ninguna estimación le da crecimiento poblacional a partir de 2030. Por ello, está destinada a comenzar un lento descenso demográfico que lleve a la región a descender por debajo de los 700 millones de personas en 2050. Esto quiere decir que, al igual que lo que ocurre en Estados Unidos, solo va a ser capaz de competir con África, China o la India vía productividad. Fruto de esta transición demográfica, Europa cuenta con la esperanza de vida media más alta de los cinco continentes y su población es la más envejecida.

Las políticas de estimulación de la natalidad no están funcionando. Incluso Hungría, que es el país que más ambicioso ha sido con estas, está fracasando en sus intentos por subir la tasa de natalidad. El Gobierno de Viktor Orbán ha ofrecido préstamos sin intereses de hasta 36 000 euros a las parejas de jóvenes que tengan hijos, y, si estos tienen más de tres, no tendrán que devolver ese préstamo; subvenciona la compra de vehículos de más de siete plazas, da ayudas a la vivienda de familias numerosas y está creando una red de guarderías públicas por todo el país. Sin embargo, ni con esas Hungría está consiguiendo aumentar su tasa de natalidad.

Y es que el futuro de Europa pasa por subir las tasas de natalidad todo lo posible, por aumentar la productividad y por aliviar su pirámide poblacional a base de inmigración. Estos y no otros son los únicos ingredientes con los que cuenta para conseguir que las futuras generaciones no vivan peor que sus predecesoras. El problema que tiene el continente es que ni la tasa de natalidad tiene pinta de que vaya a subir ni la productividad crece a un ritmo mayor que el de las economías emergentes. Por tanto, la solución a sus problemas económicos pasará necesariamente por la inmigración. Sin embargo, la llegada de millones de inmigrantes en los próximos años tensará la convivencia social.

En los últimos años hemos visto cómo la ultraderecha se ha hecho con los Gobiernos de Hungría, Polonia y Alemania, una ultraderecha muy nacionalista que en ocasiones se ha mostrado contraria a la integración europea. También cómo en la mayor parte de los países europeos como Francia, Alemania, Austria o en la propia España, partidos de corte ultraderechista han comenzado a cosechar importantes apoyos en todas las capas de la sociedad, a base de esgrimir argumentos populistas o directamente *fake news*. El futuro también pasa por el control de las redes sociales y medios de comunicación que evite la propagación de noticias falsas por parte de partidos políticos, personas individuales o incluso Estados adversarios. La adopción de la inteligencia artificial en estos menesteres es clave.

Siendo un actor geopolítico de primer nivel, la Unión Europea también tiene que adoptar una política de defensa común que consiga emancipar a los países europeos de la protección de Estados Unidos. Y este punto es superimportante, ya que los intereses estadounidenses, más centrados en el Indo-Pacífico que en el Atlántico, cada vez serán más independientes de los intereses de defensa europeos, más centrados en contener la amenaza rusa y en guardar el flanco sur de la Unión Europea. Europa ya está trabajando en este escenario y la organización ha anunciado la creación de una fuerza conjunta de acción rápida de unos 5000 efectivos, que pueden ser el preludio de un verdadero ejército europeo que tarde o temprano tendrá que surgir si de verdad aspira a ser una organización cohesionada.

La Unión Europea también cuenta con los llamados grupos de combate, que son pequeñas unidades militares que pueden desplegarse en un teatro de operaciones y que están compuestos de 1500 soldados. De hecho, ya patrocina misiones de mantenimiento de la paz o de adiestramiento en el exterior en Mozambique, la República Centroafricana, Mali, Somalia o Kosovo, donde, cómo no, participa España.

Por tanto, la Unión Europea irá poco a poco encontrando sinergias en la integración de las fuerzas armadas de los países miembros. Así que no es de extrañar que en unos años llegue el tan ansiado ejército europeo, aunque fusionar doctrinas, alinear los intereses de las industrias de defensa de los diferentes países y aplacar las voces más nacionalistas y antieuropeístas que se opongan a la formación de este ejército no van a ser tareas fáciles.

5
ÁFRICA, DESPIERTA EL LEÓN

África, un continente que tiene absolutamente de todo. Oro, petróleo, piedras preciosas, tierras fértiles e incluso minerales muy escasos pero vitales para la fabricación de nuestros dispositivos electrónicos, como es el caso del coltán. Sin embargo, a pesar de poseer toda esta riqueza, y de las millonarias ayudas que el continente recibe todos los años de los países más desarrollados, es sin duda el continente más pobre del mundo. Pero la historia de por qué África es pobre y por qué el siglo XXI va a ser el siglo en el que todo cambie viene de muy lejos.

DE AQUELLOS BARROS, ESTOS LODOS

En la Edad Media, África no era la región subdesarrollada que es ahora. Es cierto que en el Medievo nada estaba muy avanzado. Lo que quiero decir es que la diferencia de desarrollo entre África, Europa y Asia no era tan grande como lo es ahora. De hecho, África había albergado o albergaba diversos reinos e incluso imperios que dominaban la metalurgia o las matemáticas como nadie. Antes del descubrimiento de América, la costa africana era superimportante. ¿Por qué? Pues porque la única manera que Asia y Europa tenían para comerciar era bordeando el continente negro. Por ello, en la costa africana surgieron muchos puertos y ciudades en los que los barcos europeos hacían escala, tomaban suministros y comerciaban. El problema vino con el descubrimiento de América. Y no solo porque estas ciudades africanas dejasen de ser tan frecuentadas, sino por otra cosa que sería el punto de inflexión para todo el continente.

Entre los siglos XVI y XIX las potencias europeas colonizaron todo el continente americano. Sin embargo, la población indígena de América tenía un problema. La mayor parte de los nativos no eran muy fuertes y, sobre todo, enfermaban mucho por culpa de las enfermedades que traían los europeos y para las cuales no tenían defensas. Entonces las potencias europeas, especialmente Reino Unido, Francia y España, se preguntaron: ¿dónde podemos encontrar más mano de obra esclava? La respuesta se contestaba prácticamente sola. En África. Así que durante muchos años los esclavos se metían en barcos para trabajar en las plantaciones o minas de América; estos materiales se enviaban a Europa, donde se hacían productos manufacturados que abastecían a todo el mundo. Uno de los lugares donde se llevaban los productos era a la propia África, donde los comerciantes obtenían beneficios con los que comprar más esclavos y hacer girar de nuevo la rueda. Esto explica por qué el 13 % de los estadounidenses son afroamericanos. El Imperio otomano, que de aquella era una superpotencia también, enriqueció a los comerciantes de esclavos, que no daban abasto para satisfacer la demanda mundial.

Pero ¿por qué esto lastró el desarrollo de África? Pues básicamente porque para tomar esclavos se necesita hacer una guerra, conquistar un poblado que no es el tuyo y esclavizar a su población. Por ello, entre diversos reinos e imperios africanos siempre andaban a palos, destruyéndose mutuamente. Sí, al igual que los reinos europeos. La gran diferencia era que en Europa no había esclavos y muchos campesinos que abandonaban el campo se hacían artesanos o comerciantes en las ciudades, mientras que lo normal para un campesino de África que no quería serlo era ser soldado, o, si tenía mala suerte, acabar siendo esclavo. Por ello, en el continente negro no había casi artesanos, así que su tejido productivo no se desarrolló de la misma manera que en el resto del mundo y las diferencias entre Europa, Asia y África comenzaron a crecer.

Y con este percal llega el siglo XIX, en el que pasan dos cosas. La primera es que en muchos países la esclavitud se prohíbe. Así que gran parte de África se queda sin su principal fuente de ingresos, causando una gran crisis y el abandono del continente por parte de las potencias europeas. Sin embargo, en el siglo XIX también se extendió la industrialización por toda Europa. La industrialización trajo consigo mejoras en los transportes. Gracias a los nuevos motores, los barcos y trenes podían llevar mucha más mercancía en mucho menos tiempo, lo que hacía que explotar recursos naturales en África fuese rentable. El continente vuelve a interesar y todas las potencias europeas comienzan una carrera colonial por hacerse con todo su territorio.

Esto, *a priori*, podría sonar bien. Se supone que así habrá más trabajo para los africanos y que ahora serán parte de grandes potencias que pueden traer mucho progreso. Sí, pero no. Para empezar, las potencias europeas construyeron infraestructuras. Pero solo construyeron puentes y vías de tren que iban desde las minas hasta los puertos. Es decir, las potencias europeas únicamente se preocupaban de extraer los recursos naturales, casi no se hicieron vías de tren y en muchos casos ni siquiera carreteras que conectasen las diferentes ciudades entre sí para potenciar el comercio entre ellas. De hecho, también era común que las tierras más fértiles acabasen en manos de colonos y que los impuestos que se cobraban a los locales no fuesen invertidos en la propia colonia.

Esta situación de colonialismo duró hasta el fin de la Segunda Guerra Mundial, momento en el cual la mayoría de los países de África se independizaron. El problema surge cuando, tras tantos años de dominio europeo, en los que todo el poder y todos los trabajos cualificados eran ejercidos por europeos, apenas había gente competente para administrar los diferentes países. Y es que la falta de educación en la población africana era altísima, y la mayor parte de sus habitantes no sabía ni leer ni escribir. Por ello, tanto las políticas puestas en marcha durante los primeros años de la descolonización como el simple funcionamiento diario de los Estados y las industrias fue muy ineficiente.

Además, el hecho de que las infraestructuras no conectaran entre sí a las distintas ciudades y países hacía que fuese muy difícil comerciar, por lo que casi ninguna industria alcanzó el suficiente tamaño como para competir con las importaciones de productos del exterior. Y es que los medios de transporte cada vez se desarrollaban más y era más barato importar mercancía de fuera de África. Además, el continente tiene zonas muy fértiles, pero también tiene grandes extensiones desérticas y muchas zonas donde el acceso al agua es muy complicado. Además, es muy sensible a plagas que estropean las cosechas y a diversas enfermedades que en países desarrollados no causarían grandes estragos, pero que allí provocan problemas enormes.

LA PEOR HERENCIA EUROPEA

Resumiendo, ¿por qué los nuevos países africanos no se desarrollaron cuando consiguieron sus independencias? Pues por la falta de comercio interno, los Gobiernos ineficientes, la falta de educación y los problemas relacionados con las enfermedades y la orografía.

Pero es que los europeos aún habían dejado una herencia peor para África. Sus fronteras. Si te fijas en un mapa político del continente, muchas fronteras de los países africanos son líneas rectas. Es decir, están hechas con escuadra y cartabón atendiendo solo a criterios geográficos. Esto hizo que cuando los países se independizaron y heredaron estas fronteras, muchas etnias y pueblos diferentes, que no compartían ni el idioma, quedaran sobre el mismo país. Esto provocó que los partidos políticos no se dividieran tanto por ideas políticas como por etnias, lo que hizo que normalmente la etnia dominante fuera la que tuviese el poder y la que oprimiese al resto, hasta que alguna de las etnias oprimidas se rebelara y tuviese lugar una guerra civil. El mayor exponente de esta lucha entre etnias fue el genocidio de Ruanda, en el que los hutus trataron de exterminar a los tutsis en 1994: en tan solo 35 meses y a golpe de machete, perdieron la vida entre medio millón y un millón de personas.

El caso es que los Gobiernos, en muchos casos, se convirtieron en dictaduras o semidictaduras, muchas de ellas imitando una especie de socialismo soviético en las que una élite gobernaba con mano de hierro sobre todo el país. Y sí, todos estos Gobiernos tenían algo en común: la corrupción, el despilfarro y un importante gasto que consistía en tener contento al ejército para evitar un golpe de Estado.

Estas élites africanas pronto vieron un gran negocio: dejar explotar a las empresas extranjeras sus recursos naturales a cambio de una parte de los beneficios. De esta manera, las élites comenzaron a utilizar los recursos naturales de sus países como si fueran suyos, haciéndose de oro, mientras que la población literalmente se moría de hambre. De hecho, en la actualidad la mayor parte de los países con mayor desigualdad del mundo son africanos. Toda esta mezcla de dictadores, improductividad, falta de industria y corrupción llevó en los 80 y 90 a muchos países africanos a soportar grandes hambrunas. Unas hambrunas a las que la comunidad internacional respondió con un montón de ayuda humanitaria de la mano de grandes ONG que donaban a las comunidades africanas diversos productos básicos. Esto fue muy beneficioso a corto plazo para la población de muchos países, ya que dicha ayuda para mucha gente representaba la diferencia entre vivir y morir. Sin embargo, a largo plazo causó un grave problema. La ayuda internacional hizo que mucho artesano y pequeña empresa africana quebrase. ¿Quién va a comprar zapatos *made in Ruanda* si la ONG los da gratis y de mejor calidad? Y, ¿quién va a fabricar zapatos cuando la ONG de turno deje de darlos si los que sabían producir zapatos han dejado el negocio?

Sin ser conscientes y sin que las potencias europeas tuviesen *a priori* intención de causarlo, muchos países en África se hicieron completamente dependientes de estas ayudas en algunos productos, puesto que al destruir la producción local que se dedicaba a producirlos la única manera de adquirirlos era a través de la ayuda de Occidente.

La solución africana

No obstante, la pregunta que seguramente te estarás haciendo ahora es: ¿Y toda esta rueda de pobreza tiene algún tipo de solución? La respuesta es sí y, de hecho, la solución está en marcha. A finales de los 90, muchas dictaduras en África comenzaron a abrirse y a ser un poco —tampoco mucho— más democráticas. Obviamente esto no pasa en todos los países africanos, pero sí es una tendencia generalizada en el continente. Estos procesos de democratización han hecho que muchas naciones sean más estables y sean sitios en los que montar empresas o hacer inversiones sea más fácil y sobre todo más seguro, puesto que es mucho más sencillo invertir allí donde sabes que, de la noche a la mañana, la dictadura de turno no te va a expropiar el negocio o no te va a exigir un soborno para seguir operando. Además, que un país sea más democrático incentiva a los líderes políticos a reducir la pobreza y por tanto a luchar contra la corrupción si lo que quieren es ganar elecciones. Así que el proceso de democratización es la primera razón de esperanza en el continente africano.

La segunda es el aumento del comercio entre los propios países africanos. En 2001 se refundó la Unión Africana con el objetivo de proteger los derechos humanos en África y de aumentar el comercio entre países reduciendo los aranceles entre ellos. De hecho, la Unión Africana ya trabaja en una moneda común para todo el continente a imagen y semejanza del euro, una zona de libre comercio, una unión aduanera y un mercado común.

La tercera razón por la que ser muy optimistas con el futuro de África es la educación de su población. Desde los años 80, la alfabetización y la capacidad que millones de personas están obteniendo para desarrollar trabajos cualificados no han parado de crecer. El África de hoy en día es muy diferente al África que dejaron las potencias europeas, un continente mucho más apto para una nueva ola de industrialización. Además, en los próximos años es posible que muchos emigrantes africanos que han vivido o estudiado en países desarrollados vuelvan a sus países natales con nuevos conocimientos y con ganas de emprender allí.

Una cuarta razón para el optimismo es el crecimiento demográfico del continente. Se espera que para 2050 la población de África se haya duplicado, situándose cerca de los 3000 millones de personas. Casi el doble de la población actual de China. Lo que significa que el continente africano tendrá un potencial enorme si finalmente consigue despegar económicamente.

Y por último y no por ello menos importante, tenemos una quinta razón para creer en su despegue como actor eco-

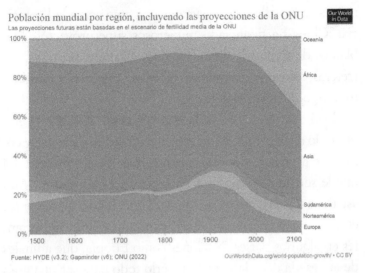

Población mundial por región, incluyendo las proyecciones de la ONU
Las proyecciones futuras están basadas en el escenario de fertilidad media de la ONU

Oceanía
África
Asia
Sudamérica
Norteamérica
Europa

Fuente: HYDE (v3.2); Gapminder (v6); ONU (2022)   OurWorldInData.org/world-population-growth/ • CC BY

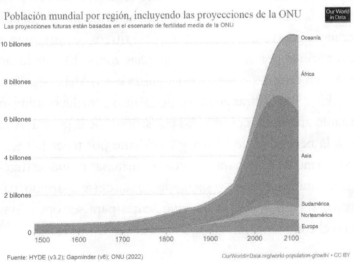

Población mundial por región, incluyendo las proyecciones de la ONU
Las proyecciones futuras están basadas en el escenario de fertilidad media de la ONU

Oceanía
África
Asia
Sudamérica
Norteamérica
Europa

Fuente: HYDE (v3.2); Gapminder (v6); ONU (2022)   OurWorldInData.org/world-population-growth/ • CC BY

nómico de primer orden. Hablamos de la inversión china en el continente negro. Desde hace dos décadas el gigante asiático ha comenzado a invertir ingentes cantidades de dinero en casi todos los países de África. Bueno, realmente en todos menos en Suazilandia. Aparte de una gran actividad comercial, China ha financiado numerosos superproyectos. Hablamos de trenes de alta velocidad, gigantescas presas, carreteras, oleoductos, minas, fábricas, puentes, puertos y todo tipo de infraestructuras.

Está claro que, con toda esta inversión, África está empezando a tener todo lo necesario para industrializarse y comenzar a crecer económicamente, por lo que invertir allí puede ser una opción muy interesante a largo plazo. Aun así, tiene unos cuantos retos por delante. Las tensiones entre etnias y tribus continúan siendo constantes y muy importantes en algunos países. Naciones como Etiopía, que a finales de la pasada década parecía tenerlo todo para ser una gran potencia económica regional, hoy se encuentra sumida en una cruenta guerra en la que etíopes y eritreos se enfrentan a los tigriños por el control de amplias zonas. El yihadismo también campa a sus anchas en países como Mali, Argelia o Burkina Faso. Otras zonas como Libia o Somalia continúan siendo anarquías controladas por señores de la guerra. Aun así, la necesidad de China y Occidente por tener fábricas con mano de obra barata y acceso a materias primas estratégicas, unido a todo lo comentado durante este apartado, parecen ser razones más que suficientes para ser optimistas con el continente africano.

6

LA GUERRA POR EL DOMINIO MUNDIAL

A nadie se le escapa que sobre el mundo sobrevuela una nueva guerra fría, si es que no estamos en ella ya. Hablamos de una lucha entre las dos grandes potencias por la hegemonía mundial. La diferencia entre esta nueva guerra fría y la anterior es que la lucha no va a ser por imponer un nuevo modelo de sociedad. En la del siglo XX estaba en juego la supremacía del orden social encarnado en una lucha entre el autocrático modelo comunista, basado en la fuerza del Estado como garante de la igualdad entre ciudadanos, y un modelo capitalista demócrata que da un mayor valor a las libertades individuales, en detrimento de la intervención del Estado en la economía.

En esta nueva guerra fría, la lucha comunismo-capitalismo se ha superado, incluso podemos decir que la ideología política ya no es el elemento que teje las alianzas, sino que es la pura economía quien asume ese papel. Por ello en los bloques que poco a poco se van tejiendo y que darán forma a este nuevo escenario podemos encontrar países que políticamente poco o nada tienen que ver entre sí. Es el caso, por ejemplo, de la alianza entre Estados Unidos y la India, donde ambas naciones son muy diferentes, pero tienen zonas de influencia que quieren dominar y, sobre todo, tienen intereses y enemigos en común, como es el caso de China.

Sin embargo, esta política de bloques no va a ser tan bipolar como lo era en la época de la Guerra Fría, y muchos países se dejarán querer por unos y otros e incluso caerán en contradicciones según les convenga la situación. Si hay algo que la globalización ha permitido es que los países sean cada vez más dependientes los unos de los otros, incluso en aquellos casos en los que son enemigos. Pondré algunos ejemplos. A pesar de que China y Taiwán tienen uno de los mayores conflictos del mundo, China no podría sobrevivir sin los semiconductores que se producen en la isla. Lo mismo le ocurre a la India, teórica aliada de Occidente, pero que necesita de las armas que le proporciona la industria armamentística rusa y, sobre todo, el gas y el petróleo que llegan por las tuberías procedentes de la estepa rusa.

Más ejemplos pueden ser la interdependencia que Estados Unidos y la Unión Europea tienen con el gigante asiático. A pesar de su tremenda demanda interna, China aún necesita tener a los europeos y estadounidenses como clientes, mientras que Occidente no es autosuficiente y, por tanto, sería incapaz de producir por sí mismo todo lo que llega de China. Además, recordemos que esta tiene la mayor reserva de divisas mundiales y es un gran tenedor de deuda estadounidense y europea.

Otro ejemplo que nos toca más cerca es el de Argelia. Argelia necesita a la Unión Europea, a la cual vende su gas, y en cuanto se construya el gasoducto transahariano también venderá a Europa gas nigeriano. Sin embargo, Argelia, desde tiempos de la Unión Soviética, está mucho más alineada políticamente con Rusia que con el Viejo Continente, mientras que su gran enemigo, Marruecos, lo está con Estados Unidos.

Estos son solo algunos ejemplos de cómo la globalización ha complicado mucho el terreno de juego geopolítico presente y, sobre todo, futuro. El nuevo estándar consistirá en un constante toma y daca entre los distintos bloques en los que China y Estados Unidos por un lado, la Unión Europea y la India por el otro, tratarán de atraer a su órbita a la mayor cantidad de países posibles. De lo que no hay duda es de que la nueva guerra fría tendrá unos puntos calientes que durante todo el siglo habrá que vigilar para entender quién va ganando en esta particular guerra. Estos puntos son el mar de China, el océano Índico y el océano Ártico, todos ellos lugares clave para el comercio mundial y en los que tener la hegemonía militar puede suponer la diferencia entre dominar el mundo o no.

LA BATALLA POR EL MAR DE CHINA

Durante los últimos tres siglos China ha estado de espaldas al mar, y es que en todo este tiempo los chinos no solo no han sido una potencia marítima, sino que apenas han tenido flota militar. De hecho, toda la doctrina militar china se ha basado en proteger mediante su ejército terrestre a su núcleo industrial ubicado entre el río Amarillo y el río Yangtsé. Sin embargo, con la entrada del siglo XXI el gigante asiático ha comprendido la importancia de controlar sus mares, y sobre todo las rutas comerciales de las cuales depende toda su economía, ya que a través de ellos exporta todos los productos que produce su industria e importa los recursos naturales y energéticos necesarios para que esta funcione. En otras palabras, hoy por hoy el 46 % del PIB de China depende del tráfico marítimo.

Esto ha llevado al país a comenzar a botar barcos de guerra a una velocidad nunca vista antes en la historia. De hecho, la armada china ya cuenta con más barcos que la armada de Estados Unidos, si bien es cierto que tanto en tonelaje como en tecnología la flota estadounidense aún es muy superior. Por ello, China ha dejado de tener una marina costera y ya cuenta con una auténtica marina oceánica. Con esto aspira a convertirse en el centro económico y comercial planetario. Su armada no solo ha crecido en cantidad, también en calidad. El gigante asiático ya cuenta con tres portaaviones, uno de ellos de diseño totalmente original y con submarinos nucleares.

Todo cambió en 2010, cuando China superó en PIB a Japón. Hasta entonces el gigante asiático había ido creciendo económicamente sin hacer crecer en exceso sus fuerzas armadas y sin hacer demasiado ruido, para no provocar desconfianza en la comunidad internacional. Sin embargo, el citado año, a la par que Occidente todavía estaba convaleciente por la crisis de 2008, comenzaba a aparecer en el escenario internacional haciendo reivindicaciones contra Japón sobre el mar de China. Esto hizo saltar las alarmas en Washington, donde los estadounidenses comprendieron que la gran amenaza para ellos ya no iba a llegar de Rusia ni de Oriente Medio, sino del gigante asiático.

Por todo ello, la lucha por el control de sus mares va a ser el gran escenario de batalla entre China y Estados Unidos. La batalla por el Índico, especialmente por el golfo de Bengala, se librará entre China y la India y la trataremos en profundidad en el próximo apartado. Estados Unidos está mucho más dispuesto a disputarse con el gigante el conocido como Mediterráneo asiático, es decir, el mar de la China Meridional, el mar de la China Oriental y el mar Amarillo. Unos mares que tienen unos lugares estratégicos que ambas potencias, junto con sus aliados, quieren controlar a toda costa.

El primero de los puntos calientes de esta nueva guerra fría se encuentra en el estrecho de Malaca. De hecho, uno de los grandes objetivos de China está siendo buscar alternativas a este enclave por donde hoy en día pasa la mitad de la marina comercial mundial. Y es que, a pesar de que China también se está posicionando para controlar dicho estrecho, es consciente de que países como Indonesia, la India, Singapur o Malasia se lo pueden poner muy difícil, y más si cuentan con el apoyo de EE. UU.; por ello, China está llevando a cabo 3 proyectos faraónicos:

— El primero es la construcción de la Nueva Ruta de la Seda Polar en colaboración con Rusia. Y es que, gracias al derretimiento de los polos, está surgiendo una nueva ruta comercial a través del Ártico que acorta hasta un 40 % los tiempos de navegación con Europa.
— El segundo es abrir una salida de productos chinos directamente al Índico a través de Birmania y Pakistán, países muy relacionados con China, donde el gigante

asiático ya tiene puertos estratégicos e infraestructuras terrestres.

— Por último, China quiere construir un canal en el istmo de Kra, situado en Tailandia, para que los barcos puedan cambiar de océano sin tener que pasar por el estrecho de Malaca.

El segundo punto caliente está en las dos cadenas de islas que amenazan, o defienden, según como se mire, su costa. En elllas, China mantiene decenas de conflictos territoriales o marítimos con Taiwán, Vietnam, Filipinas, Malasia, Brunéi, Japón e incluso Corea del Sur, países que tratan de ganarse el favor de Estados Unidos en caso de conflicto. Por otro lado, no hay que olvidar en este escenario a Australia, siempre dispuesta a hacer frente al gigante asiático. De hecho, Australia está presente en las dos alianzas que se han establecido en la zona, tanto en el Quad, formado por Estados Unidos, la India, Japón y la propia Australia, como en el AUKUS, formado por Australia, Estados Unidos y Reino Unido.

China reclama en torno al 80 % del mar de China Meridional, entre el que se encuentran zonas estratégicas de estas cadenas de islas, como las islas Spratly, las islas Paracelso y el arrecife Scarborough. Como hemos dicho, a partir de 2010 China comenzó a ocupar la mayoría de las islas que reclamaba para construir murallas de arena que han hecho habitables muchos arrecifes que no lo eran. De esta manera, ha ganado cientos de millas, pudiendo levantar nuevas bases militares desde las que poder atacar objetivos que previamente no tenía a tiro.

Y por último, el otro punto caliente de esta guerra fría es Taiwán. La isla, cuyo norte en su día perteneció al Imperio español, que la bautizó como la isla Formosa y a la que Truman describió como un portaaviones indestructible frente a la costa china, es posiblemente el punto más estratégico del planeta. Taiwán tiene valor por sí mismo, ya que allí se fabrica más del 60 % de los microchips a nivel mundial. También el estrecho de Taiwán es clave por su intensa actividad comercial. Mientras que China reclama el estrecho como sus aguas territoriales, Estados Unidos defiende que son aguas internacionales, por lo que el conflicto aquí también está servido.

Recordemos que la separación de China y Taiwán se produce tras la guerra civil china, cuando los nacionalistas se refugiaron en la isla ante el avance del ejército comunista. Desde entonces, ambos territorios están políticamente separados. Mientras que para el gigante asiático Taiwán es parte de su territorio y, por tanto, creen que tienen que recuperar su control, para una parte de los taiwaneses es el Gobierno de Taiwán quien tiene la legitimidad de recuperar el resto de China. Esto se ha llamado el principio de «una sola China». Sin embargo, cada vez son más las voces en la isla, incluido su propio Gobierno, que claman por un Taiwán completamente independiente.

Por todo ello, tanto el control de Taiwán como el de los cinturones de las islas que rodean China, como el estrecho de Malaca, son un termómetro perfecto para saber a largo plazo quién va ganando o perdiendo fuerza en esta nueva guerra fría en la que están envueltos China y Estados Unidos. Sea como sea, además de la carrera armamentística que se está llevando a cabo por el control del Indo-Pacífico, en los próximos años veremos cómo las diplomacias china y estadounidense se emplearán a fondo para atraer a la mayor cantidad de países a su esfera. De hecho, en los últimos años el gigante asiático ha tratado de reconstruir con relativo éxito buenas relaciones con países como Malasia, Vietnam o Singapur. Por todo ello, tampoco hay que descartar ver guerras civiles en las que cada potencia apoye a uno de los bandos, en países estratégicos como Vietnam, Camboya, Laos, Malasia, Indonesia, Singapur o Tailandia.

LA LUCHA POR EL ÍNDICO

China y la India están llamadas a ser las dos superpotencias mundiales de la segunda mitad del siglo XXI, siempre con el permiso del todopoderoso Estados Unidos. La fuerza demográfica de ambos países, que son los dos más poblados del mundo, a mucha distancia del tercero, y el ritmo al que la economía de ambos crece, van a hacer de los dos gigantes asiáticos auténticos mastodontes económicos y militares.

Según el Fondo Monetario Internacional, China ya ha superado a Estados Unidos en PIB en cuanto a valores de paridad de poder adquisitivo, es decir, que teniendo en cuenta los precios de cada país, su economía ya es mayor que la de Estados Unidos. Si solo tenemos en cuenta el PIB nominal, es decir, el que se utiliza en los medios de comunicación, China se encuentra en segunda posición, pero acercándose cada vez más a los norteamericanos. En el caso de la India, el país ya es el tercero si hablamos de PIB en paridad de poder adquisitivo y la sexta economía del mundo en PIB nominal, justo por delante de Francia y pisándole los talones a Reino Unido, su antigua metrópoli.

Sin embargo, la relación entre China y la India dista mucho de ser buena, y esto ocurre prácticamente desde que la segunda se independizó en 1947. De hecho, ambos países llegaron a estar en guerra durante varios meses en 1962 por un conflicto fronterizo en el Himalaya, conflicto que aún está activo. De hecho, ambos países se apresuran a construir infraestructuras en la zona ante la posibilidad de un futuro conflicto y, desde hace años, las escaramuzas entre ambos ejércitos son constantes. El odio entre los dos es mitigado por ambos Gobiernos, que mantienen una relación diplomática en la sombra, y según la cual ambos permiten a sus ejércitos atacar al otro sin utilizar fuego real. Es decir, que chinos e indios se pegan en la frontera a base de puñetazos, pedradas y palos. El clímax de estos enfrentamientos se produjo en 2020, cuando unos incidentes produjeron decenas de muertos en ambos bandos. Pero el desencuentro de los dos países no es solo físico.

China está tratando de aislar económica y militarmente a la India con su macroproyecto de la Nueva Ruta de la Seda. A continuación, algunos ejemplos: está construyendo una estratégica línea férrea que une la ciudad de Yiwu con Londres y que recorre unos doce mil kilómetros en 18 días de viaje por nueve países, una construcción monumental que tiene como objetivo situar a China como la referencia comercial del continente a muy largo plazo.

Lo mismo ocurre con los puertos gigantes que China ha construido en Sri Lanka y Pakistán, o con las instalaciones portuarias que el gigante asiático ha comprado en el puerto de Chittagong en Bangladés. Desde todos estos lugares, puede monitorear los movimientos indios e, incluso, mantener una fuerza militar en caso de conflicto. Mientras, la India observa preocupada cómo está poco a poco siendo rodeada. El objetivo de todo esto es claro. China necesita asegurar el suministro de recursos y energía, mantener sus rutas comerciales y desarrollar como ya hemos visto la Ruta de la Seda, con la que pretende desafiar el dominio occidental en los mercados internacionales. Así que la pregunta es obvia: ¿cómo piensa la India detener este agresivo avance de Pekín?

La clave está en el océano Índico, una región compartida por 28 países que baña las costas de tres continentes y que cubre el 17 % del territorio de la tierra. Y es que el Índico es la casa del 35 % del planeta con 2,5 billones de habitantes, las economías que más rápido crecen en el mundo. El océano Índico conecta las economías internacionales en el Atlántico Norte y en el Pacífico de Asia. En torno a esta región se ha creado la Cooperación Regional del Océano Índico, una organización que engloba 21 Estados miembros entre los que se encuentran la propia India y países como Australia, Indonesia, Kenia, Omán, Singapur, Sudáfrica o Tailandia, entre otros. El objetivo de esta organización es fomentar el comercio y la inversión entre los países miembros. Además, en el plano militar la India no está sola. Para hacer frente a China se ha creado el Quad, una alianza formada por la India, Australia, Japón y Estados Unidos. Además, hay más países en la zona que les tienen ganas a los chinos, como puede ser el caso de Corea del Sur, Singapur o Taiwán, con quien China mantiene un conflicto abierto. Vale, ya hemos visto un poco de dónde viene este conflicto, pero ¿qué va a pasar? ¿Habrá guerra entre ambos países? ¿Cómo podemos determinar qué país lleva la delantera por el dominio del Índico?

Bueno, es muy improbable que lleguemos a ver una guerra abierta entre ambos países, ya que tanto China como la India son potencias nucleares y un conflicto abierto puede ser un auténtico desastre a nivel mundial. Sin embargo, ambas potencias sí que van a tener que luchar por el control de tres puntos estratégicos claves para hacerse con el 80 % de todo el comercio marítimo del océano Índico. Hablamos del estrecho de Ormuz, el estrecho de Bab el-Mandeb y el estrecho de Malaca. El estrecho de Ormuz está en el golfo Arábigo-Pérsico, por donde transita el 20 % del crudo mundial. De hecho, cada día 17 millones de barriles pasan por este estrecho. Hoy en día, China tiene presencia en la zona a través del gran puerto de Gwadar, situado en Pakistán. Recordemos que Pakistán también es enemigo de la India y hará todo lo posible para fastidiar a esta.

Sin embargo, la India ha contrarrestado este movimiento chino estableciendo una alianza con Irán, teórico aliado del gigante asiático, pero a quien ha ayudado a construir el puerto de Chabahar, que se encuentra a tan solo 72 km del puerto de Gwadar. También la India se ha hecho con el puerto de Duqm en Omán, desde donde podrá tener presencia tanto en el estrecho de Ormuz como en el segundo punto estratégico del que vamos a hablar, el estrecho de Bab el-Mandeb. Este es el más peligroso de los tres, ya que está en una zona un poco inestable: de un lado está el Cuerno de África, hogar de la anárquica Somalia, y del otro Yemen, que se encuentra en guerra desde 2014. El estrecho de Bab el-Mandeb da acceso al mar Rojo y conecta el Índico con el mar Mediterráneo a través del canal de Suez. Para China, la importancia de este estrecho es tan grande que directamente ha establecido allí su primera base militar fuera de China. Concretamente en Yibuti.

El último de los tres puntos estratégicos a dominar es el estrecho de Malaca, que separa la costa occidental de la península malaya y la isla indonesia de Sumatra. También es vital para todo el comercio de China con Occidente y una fuente de recursos clave para la primera, ya que por él transcurren diariamente 15 millones de barriles de petróleo. En este escenario, China tiene a Birmania en el bolsillo, mientras que Indonesia se perfila como el principal aliado indio en la zona. Además, la India cuenta con las islas Andamán y Nicobar, desde las que puede bloquear fácilmente el estrecho.

Por tanto, la situación es esta: la carrera por controlar el Índico ha comenzado. En ella, China tratará de aprovechar la ventaja que su economía lleva a la economía india encerrando a esta, mientras que la segunda tratará de crecer lo más rápido posible y atraer a su esfera el mayor número posible de aliados potenciales. Para ello, la India está ganándose el favor de Occidente, a la par que depende económica y geoestratégicamente de países como Rusia o Irán, por lo que no será raro verla haciendo como Turquía, dando a Estados Unidos una de cal y otra de arena.

LA CONQUISTA DEL ÁRTICO

El comercio entre Asia y Europa ha evolucionado a medida que la tecnología y el progreso humanos han ido desarrollándose. Al principio, portugueses y españoles comerciaban con sus territorios asiáticos y con los reinos que había por ahí, haciendo una ruta infernal. Para traerse de allí cosas como especias, porcelana o seda, había que atravesar el Índico y dar toda la vuelta a África.

Afortunadamente, el coste y los tiempos de comerciar con el Extremo Oriente descendieron bruscamente en el siglo XIX con la Revolución Industrial, que consiguió que los barcos fuesen más rápidos y pudiesen llevar mucha más carga. Pero lo más importante fue que en 1869 se terminó de construir el canal de Suez, que permitía que esa ruta infernal en la que había que rodear África se acortase muchísimo a través del mar Mediterráneo. Desde entonces, el canal de Suez es clave en el comercio mundial, ya que por allí pasan todos los barcos que van de Asia a Europa. De hecho, cuando el barco Ever Given encalló en el canal de Suez y lo bloqueó durante unos días, causó el pánico en los mercados internacionales y un gran perjuicio a todo el comercio marítimo mundial. El problema fue tan grande que se llegó a ver muchos barcos retomar la antigua ruta que rodea África.

Pero, bueno, ¿por qué cuento todo esto? Pues porque un nuevo salto tecnológico, unido al calentamiento global que está derritiendo el duro hielo del Ártico, ha permitido al ser humano crear enormes barcos rompehielos pesados, muchos de ellos con propulsión nuclear, que son capaces de crear una nueva ruta comercial entre Asia y Europa ahorrando un montón de tiempo y, por tanto, de dinero. Por cierto, una gran parte de los barcos que vienen de Asia a Europa tienen como destino el impresionante puerto de Róterdam en Países Bajos. Si observas esta nueva ruta ártica en un mapa, es probable que no le encuentres el sentido y te parezca más larga, pero eso se debe al efecto provocado por representar la forma esférica de la tierra en un mapa. Apuntemos entonces la existencia de la mejor ruta comercial entre Asia y Europa como primera razón por la que el Ártico es importante.

Pero controlar esta nueva ruta comercial no es el único aliciente que las grandes potencias tienen en la región polar. Por sus condiciones climáticas, es decir, porque hace un frío de perros, el Ártico apenas ha sido explorado y los recursos naturales que alberga están prácticamente vírgenes. Y no hablamos de una cantidad pequeña. Aunque todavía no ha podido ser cuantificada, se cree que la zona alberga una gran cantidad de petróleo que podría rondar los 90 000 millones de barriles, que suponen un 13 % de las reservas mundiales conocidas. Es decir, unas reservas que podrían competir de tú a tú con las de Oriente Medio. De hecho, la petrolera Shell ya ha invertido decenas de millones de dólares en prospecciones árticas.

Pero es que además nadie duda de que hay una gran cantidad de gas que podría representar un 30 % de las reservas mundiales. Prueba de ello son los yacimientos en lugares cercanos como la península de Kola o en el norte de Siberia occidental. Pero ojo, que todo esto no va solo de energías fósiles. El Ártico también contiene diamantes. Esto lo saben bien en Canadá, donde la mina de Ekati ya ha producido varias toneladas de este mineral. De igual manera, se espera que albergue importantes cantidades de oro y tierras raras. Por si todo esto fuera poco, existe una última gran riqueza en el océano. Esta es nada más y nada menos que el aprovechamiento pesquero de la zona. Y es que el deshielo está provocando que los grandes barcos pesqueros cada vez tengan más territorio donde faenar y capturar unas presas que hasta ahora sobrevivían sin haber sido apenas explotadas.

Bueno, ha quedado claro que el Ártico es una perita en dulce para las grandes potencias. ¿No? Pues bien, ahora vamos a repasar quién lleva la delantera en esta conquista. Porque ¿de quién es el Ártico? Pues según a quién le preguntes te contestará una cosa u otra. Desde hace décadas, Dinamarca, Canadá, Rusia, Noruega y Estados Unidos mantienen una lucha a golpe de reclamaciones territoriales. Según el derecho marítimo, tus aguas abarcan todo lo que haya a 320 km de tu costa. Sin embargo, si tu plataforma continental, es decir, si esa superficie submarina poco profunda que es la continuación de los continentes bajo el mar, se extiende más allá de esos 320 km, las aguas sobre esa plataforma son tuyas. Esto ha convertido a la sierra submarina de Lomonósov en el punto más codiciado del Ártico y, claro, nadie se pone de acuerdo acerca de a quién pertenece eso, ni siquiera en dónde empiezan o acaban las plataformas continentales de cada nación.

El país que hasta ahora mejor se ha preparado para esta guerra fría es Rusia. En 2007 volvió a realizar patrullas aéreas con bombarderos estratégicos y reforzó su servicio de guardacostas. Además, la Federación posee la mayor flota de rompehielos del mundo, con más de 40, entre los que se encuentran los dos más poderosos del planeta, los rompehielos de la clase Arktika, que cuentan con propulsión nuclear y 75 000 caballos de potencia. Todo esto, unido a la mejora de varios puertos rusos en la costa ártica, hace de Rusia el actor principal en la zona. De hecho, Putin se ha fijado como objetivo aumentar el volumen de tráfico a lo largo de la nueva ruta ártica desde los 32,97 millones de toneladas transportadas a lo largo de 2020 a los 80 millones de toneladas en 2024. Casi nada.

Estados Unidos, por su parte, ya se ha asegurado de defender sus intereses en el Ártico frente al avance ruso. Y es que tiene una postura diferente, ya que los norteamericanos en ningún caso pueden justificar su soberanía sobre todo el territorio. Por ello, el Tío Sam defiende que las nuevas rutas marítimas tienen que ser aguas internacionales y que todos los países tienen que cooperar para mantener la seguridad en la zona. Aun así, EE. UU. a menudo lidera maniobras militares de la OTAN en el Ártico. Unas de las más importantes fueron las llevadas a cabo en Noruega con 50 000 efectivos que simulaban hacer frente a la invasión de una potencia extranjera. El gigante americano mantiene conflictos abiertos con Canadá por el mar de Beaufort y con Rusia por el mar y el estrecho de Bering. El problema es que Estados Unidos necesita urgentemente aumentar su flota de rompehielos, ya que solo cuenta con uno de los años 70. Y sí, están construyendo el más grande del mundo, pero no estará listo hasta 2025.

Por su parte, Canadá reclama como suyos los territorios del conocido como archipiélago Ártico Canadiense. Esto haría que las aguas del paso del Noroeste fueran de su propiedad y el país tuviese pleno control sobre las mismas. También afirman que la disputada sierra de Lomonósov está conectada con su plataforma continental y que todo eso es suyo. Sin embargo, Canadá ha encontrado la oposición de Rusia, Estados Unidos y hasta de la Unión Europea, la cual las considera como aguas internacionales. Por ello, el país norteamericano ha comenzado a armarse para defender lo que considera su territorio de incursiones estadounidenses, rusas o danesas.

Dinamarca se ha gastado más de 400 millones de euros en hacer investigaciones sobre hasta dónde llega la plataforma continental al norte de Groenlandia. Tras ello, ha reclamado una zona de 895 541 km² que incluye la sierra de Lomonósov. Imaginaos si todo esto es importante que en 2019 Trump anunció a bombo y platillo que quería comprar Groenlandia a Dinamarca, lo que cabreó mucho al Gobierno danés. Y es que, por si fuera poco, en Groenlandia también se encuentra uno de los mayores depósitos de tierras raras del mundo. En cualquier caso, y a pesar de los intereses de Dinamarca en la zona, la Unión Europea busca la libre navegación del Ártico.

Noruega, por su parte, cuenta con el archipiélago Svalbard, muy conocido por albergar el Banco Mundial de Semillas, una especie de arca de Noé de la fauna donde se guardan cientos de miles de semillas para proteger la biodiversidad, por si algún día hay una catástrofe global. Noruega es el país que con menos hostilidad está actuando y ha llegado, incluso, a un acuerdo con Rusia sobre sus fronteras en el mar de Barents, poniendo así fin a una disputa que duró décadas.

Y por último tenemos a un nuevo actor en el Ártico...
¡China! A pesar de tener el territorio helado a 900 millas
de su costa, tiene una política ártica y, como buen exportador, quiere meter sus narices en esta nueva ruta comercial. De hecho, el gigante asiático China posee un rompehielos y compró a Rusia licencias para explotar petróleo
en la zona. Y es que Moscú es consciente de que económicamente van justitos, y ve a Pekín como un posible socio
de inversión en el desarrollo de tecnologías e infraestructuras que posibiliten la extracción de recursos naturales a
gran escala en la región ártica a corto plazo. Vamos, que si
Rusia quiere explotar el Ártico va a necesitar la pasta china. No en vano, en diciembre de 2017, Putin invitó a Xi
Jinping a conectar su Ruta de la Seda con la Ruta del Ártico y fundar la que sería la Ruta Polar de la Seda. De esta
manera ambos ganarían, Rusia obtendría un gran aliado
para controlar el Ártico y China tendría un puente de plata para que todas sus mercancías tarden hasta un 40 %
menos de tiempo en llegar a Europa, con el ahorro que eso
conlleva.

Y a todo esto hay que sumarle las acciones de Greenpea-
ce que, si bien son simbólicas, sí que tienen una gran repercu-
sión mundial, haciendo que mucha gente se posicione contra
la explotación de los recursos del Ártico, lo que puede influir mucho en las políticas que apliquen las democracias
occidentales. Entre tanto, todos los interesados harán todo
lo posible para controlar dicho territorio, sus recursos y sus
rutas, y la escalada militar será inevitable a medida que la
tecnología avance y el hielo se derrita, lo que provocará que
se eleven las tensiones por los aires. La guerra por el Ártico

prácticamente ni ha comenzado, pero a buen seguro ha venido para quedarse.

LAS GUERRAS DEL FUTURO

Después de ver cómo el mundo tendrá muchos puntos calientes, es importante hacerse una pregunta: ¿cómo serán las guerras en el futuro? Una cuestión en la que decenas de miles de personas trabajan: personal técnico de todos los ejércitos, analistas, trabajadores de departamentos de innovación y desarrollo de productos de empresas de la industria armamentística, y cualquiera con un mínimo de interés en conocer qué ocurrirá en el futuro. Le hemos dado miles de vueltas a la cabeza y nos hemos fijado en los últimos conflictos para ir adivinando pistas.

A pesar de haber visto ya en los campos de batalla alguna que otra nueva tecnología, como el uso masivo de drones, los escenarios bélicos del futuro no se van a parecer en nada a lo que hemos visto en los últimos años en Siria, Armenia, Israel o en Ucrania. ¿Por qué? Porque a pesar de que estamos en pleno siglo XXI, todos estos conflictos se están librando con armas del siglo XX. En Siria llegamos a ver incluso armas de la Segunda Guerra Mundial, y la mayor parte de los tanques que usaron eran modelos soviéticos de los años 50 y 60. En Armenia y Ucrania los cazabombarderos más utilizados siguen siendo los SU-25 diseñados a finales de los años 70, y los SU-34, diseñados en los 90. Incluso el tanque más moderno de una potencia militar como Rusia es el T-90M, cuyo diseño es también de los años 90. Lo mismo ocurre con carros de combate occidentales como el M1 Abrams esta-dounidense, que, aunque ha modernizado sus diseños, tiene más de 40 años.

Con esto quiero decir que, a pesar de que poco a poco vamos viendo mejoras y armamento nuevo de última gene-ración, los conflictos actuales continuarán siendo guerras del siglo XX mientras todo este armamento esté en activo y los conflictos los libren países que van muchos años por detrás de las grandes potencias militares, que son China y Estados Unidos. Además, desde la caída de la Unión Sovié-tica en 1991, EE. UU. se quedó durante muchos años sin rival militar, siendo la indiscutible potencia mundial, lo que ralentizó las inversiones del gigante norteamericano en I+D+I dentro de la industria de defensa. No ha sido hasta la década de 2010 cuando ha vuelto a tomar conciencia de la necesidad de innovar en este aspecto, ante el auge del gi-gante asiático como gran rival geopolítico.

Volvamos a la pregunta que nos hicimos antes: ¿cómo serán los conflictos del siglo XXI? Para dar una respuesta, los estadounidenses crearon la Agencia de Proyectos de Inves-tigación Avanzados de Defensa, más conocida como DAR-PA por sus siglas en inglés. De esta agencia, creada en 1958, surgieron nuevos conceptos como ARPANET, la primitiva red que dio origen a Internet. Sin embargo, DARPA sigue activa e inventando la guerra del futuro. Su última gran re-volución ha sido la llamada guerra mosaico, una forma de combatir en la que existe una compleja red de entidades interconectadas que se comunican constantemente para coordinarse, aprender e interactuar con el entorno y conse-guir los objetivos militares con el menor coste posible. Para ello, es fundamental el uso de la guerra cibernética y la inteligencia artificial. Otro objetivo de la guerra mosaico es reducir el personal militar situado en zona de conflicto para minimizar tanto los daños físicos como la carga física y mental de los soldados.

Otra característica de la guerra del futuro es que va a ser un conflicto multidominio en el que se acabó eso de que las dimensiones bélicas son las clásicas tierra, mar y aire; a ellas hay que añadir el espacio y la información. Además, estas dimensiones han dejado de ser independientes y hay que ver al antiguo campo de batalla como un espacio en el que estas cinco dimensiones están integradas mediante un continuo flujo de actividades interrelacionadas.

Sin embargo, hay ciertos componentes clave necesarios en el desarrollo de la guerra del futuro. Lo primero que requiere un ejército inteligente es tener muchos datos. Para ello, va a necesitar que todos los dispositivos disponibles puedan transmitir imágenes, sonidos, huellas térmicas y demás señales en tiempo real. Para esto, los ejércitos podrán utilizar aviones, drones aéreos y marítimos, satélites, robots, barcos, estaciones de radar y todo lo que tengan a su alcance. Sin embargo, hay algo más difícil que obtener datos, y es interpretarlos. Para hacerlo es vital tener una inteligencia artificial capaz de procesar todo lo que le llegue y tomar decisiones en pocos segundos. Un trabajo que a un ser humano le podría llevar mucho tiempo o que, simplemente, dependiendo del volumen de datos, no podría hacer.

La inteligencia artificial no solo coordinará los ataques, también se encargará de optimizar la logística. Para ello será fundamental una tecnología que, si bien ya existe, aún está por perfeccionarse. Hablo, cómo no, de las impresoras 3D. Y es que en el futuro las tropas de vanguardia a buen seguro estarán equipadas con impresoras 3D portátiles capaces de imprimir de forma rápida cualquier tipo de suministro necesario para el frente. Un ejemplo puede ser la impresión tridimensional de la propia comida de los soldados, de una pieza de repuesto de un vehículo blindado, de munición o incluso de pequeños drones que puedan ser utilizados por los soldados de vanguardia para colmar a la IA de datos y hacerla aún más inteligente.

Otro elemento fundamental va a ser la guerra electrónica. La capacidad para cortar esa cadena de comunicación de datos enemigos y la resiliencia para que tus comunicaciones no sean intervenidas, cortadas o modificadas será sin duda uno de los atributos que busquen todos los ejércitos modernos. Lo mismo ocurre con la ciberguerra, ya que infraestructuras estratégicas como centrales de generación de energía eléctrica, centrales nucleares o plantas de tratamiento de agua pueden ser puntos muy sensibles a ciberataques enemigos.

No obstante, una vez se hayan recolectado todos los datos e información, la inteligencia artificial los haya procesado, y tanto la logística como la seguridad de las comunicaciones estén bajo control, ¿cómo se ejecutarán las órdenes? ¿Quién las llevará a cabo? Es aquí donde la guerra también va a sufrir un gran cambio. Hasta ahora las protagonistas de la guerra eran las grandes plataformas. Es decir, *hardware* militar de un tamaño considerable, con un coste por unidad muy elevado, muy intensivo en el uso de tecnología y con un poder de destrucción muy alto. Podemos pensar en un portaaviones como los de la clase Gerald R. Ford, cuya unidad cuesta trece mil millones de dólares; un cazabombardero F-35, que sale por más de setenta y cinco millones de dólares; o un tanque M1 Abrams, que vale entre seis y ocho millones la unidad. El problema que tienen estas grandes plataformas es que la tecnología está permitiendo fabricar armas muy baratas y eficaces que pueden saturar sus defensas. Y aquí es donde entra un nuevo concepto, los enjambres. Un enjambre es un grupo homogéneo o heterogéneo de dispositivos capaces de coordinarse y comunicarse entre sí y de tomar decisiones autónomas con un objetivo común. La defensa contra un enjambre plantea cuestiones difíciles de resolver, puesto que es mucho más difícil defenderse de muchas armas pequeñas que hacerlo de una sola arma de grandes dimensiones, por muy sofisticada que esta sea.

Por ello, en los campos de batalla del futuro podremos ver enjambres de drones aéreos y acuáticos atacando coordinadamente un puerto enemigo, minidrones con cargas explosivas muy pequeñas atacando puntos sensibles de la logística enemiga, e incluso los primeros robots de tipo androide luchando en vanguardia. Desde 1995, la inversión en robótica militar ha ido creciendo a un ritmo del 10 % anual y se prevé que llegue a los 2500 millones de dólares en 2025. Reino Unido ya ha advertido de que en 2030 el 25 % del ejército de tierra británico va a estar compuesto por robots. Tanto Estados Unidos como China ya han llevado a cabo demostraciones con sus perros robots capaces de portar armas ligeras. En el caso de los norteamericanos, su perro robot V60 es capaz de portar un rifle Creedmoor de 6,5 mm, capaz de realizar un disparo de precisión a más de un kilómetro de distancia.

A pesar de que estos prototipos todavía no están muy desarrollados y que en materia de robótica aún queda mucho por hacer, la tendencia es clara. Eso sí, contar con robots asesinos capaces de decidir de manera autónoma a quién matar y a quién no plantea importantes debates éticos, sobre todo si esta tecnología acaba siendo tan asequible como para caer en las manos equivocadas. No obstante, las capacidades que brindará a los ejércitos de todo el mundo el auge de la robótica militar son lo suficientemente interesantes como para que no deje de desarrollarse. A pesar de todo, es bastante improbable que antes de final de siglo los robots hayan desterrado a los humanos de los campos de batalla, ya que, de la misma manera que en el siglo XXI estamos luchando guerras con tecnología de mediados del siglo XX, toda esta nueva ola de progreso tecnológico tardará muchas décadas en llegar a los ejércitos de países en vías de desarrollo, quienes son los que libran la mayor parte de los conflictos.

Hasta ahora hemos visto cómo será el futuro de la geopolítica mundial; sin embargo, el tiempo nos deparará otro tipo de avances y retos que, a buen seguro, cambiarán completamente nuestras vidas. Es hora de ver los retos económicos y las tendencias tecnológicas que transformarán el mundo de aquí a finales de siglo.

LA DICTADURA TECNOLÓGICA, CÓMO SERÁ EL MUNDO DEL FUTURO

7

UN MUNDO PARA VIEJOS

Desde que el ser humano llevó a cabo la Revolución Industrial, el crecimiento demográfico mundial ha sido espectacular. En el año 1, la población mundial se estimaba en unos 200 millones de personas. Al comienzo del siglo XIX, es decir, 1800 años después, la población mundial apenas se había multiplicado por cinco, situándose en los 978 millones. Desde entonces, en tan solo 220 años, ha alcanzado los ocho mil millones de personas, o dicho de otra manera, se ha multiplicado por ocho. El desarrollo de la medicina y la ciencia, las mejores condiciones de vida y los avances tecnológicos han sido los responsables de este gran salto demográfico. Todo esto se debe al aumento de la esperanza de vida y especialmente a la reducción de la mortalidad infantil y juvenil.

Sin embargo, este aumento de esperanza de vida y por tanto de población no se ha dado de manera uniforme en todas las zonas del planeta y, a menudo, esta explosión demográfica sigue un patrón que se va repitiendo una y otra vez en distintas regiones. La primera en experimentar este aumento demográfico fue la Europa occidental, región pionera en industrializarse, seguida de Estados Unidos y Canadá.

Durante mucho tiempo, la desigualdad en la esperanza de vida entre los países más ricos y los países más pobres fue extrema, pero desde 1950 esta tendencia se está revirtiendo. No obstante, estas desigualdades siguen ahí y mientras España lidera la lista de la OMS con una esperanza de vida de 84,3 años, Lesoto se encuentra a la cola con una esperanza de vida de 50,7 años. En cualquier caso, sí podemos decir que la tendencia de estos 220 años desde que diera comienzo el siglo XIX ha sido positiva en todo el mundo, ya que hoy en día ningún país tiene una esperanza de vida más baja que el país con la más alta del año 1800, momento en el que no era mayor de 40 años en ningún sitio. De hecho, desde el año 1900 se ha más que duplicado, situándose por encima de los 70 años.

Todo este proceso no es baladí, ya que estos dos siglos han sido los únicos en los que la humanidad ha conseguido aumentar sostenidamente la esperanza de vida de poblaciones enteras. Actualmente, dicha esperanza de vida media mundial, que en 2019 era de 72,6 años, es mayor que la de cualquier país en 1950, por muy desarrollado que fuese. Otro logro importante que tenemos que reconocerle a la ciencia es que no solo somos capaces de vivir más, sino mejor. Desde que comenzara la escalada en la esperanza de vida, paralelamente también se ha vivido una escalada de la misma en condiciones saludables, aunque una tendencia curiosa es que en aquellos países donde más se vive también se tiende a hacerlo un tiempo mayor con alguna discapacidad o enfermedad grave que en aquellos donde se vive menos.

Sin embargo, pensar que el aumento de la esperanza de vida nos va a llevar a un perpetuo crecimiento demográfico es un absoluto error, ya que este se ve afectado por otra variable clave, la tasa de fertilidad. Un patrón que se ha dado en todas las economías desarrolladas es el siguiente: el país en cuestión comienza a desarrollarse, las condiciones de vida mejoran, y la sanidad permite que las tasas de mortalidad bajen, especialmente la infantil y juvenil. Es entonces cuando el país sufre una explosión demográfica en la que, de repente, aumenta mucho su población. Pero a medida que sigue desarrollándose, los patrones de conducta cambian y la población ya no busca tener descendencia para que esta aporte económicamente en el hogar, sino que se comienza a tener pocos hijos y a dedicar una gran parte de los ingresos del hogar a su crecimiento, educación y desarrollo. De esta manera, las tasas de fertilidad empiezan a caer y arranca un envejecimiento de la población en el que la pirámide se invierte. Esto no ocurriría si la tasa de mortalidad y la de fertilidad bajasen a la vez, pero la segunda suele hacerlo más tarde, ya que es una variable con un claro componente cultural que no se modifica de la noche a la mañana.

Esta transición demográfica ya ha ocurrido casi por completo en Europa, que comenzó este proceso hace décadas. El patrón se ha repetido en países como Estados Unidos, Canadá, Australia o Japón, y ya se empieza a notar en economías más incipientes como la propia China o en regiones enteras en Latinoamérica. Esta bajada de la tasa de fertilidad compensa el aumento de la esperanza de vida y ha provocado que las estimaciones de distintas organizaciones internacionales hayan puesto un techo de población mundial que la mayoría sitúa entre el año 2085 y el 2100. En ese momento se estima que la población mundial alcance su máximo histórico, con una cantidad estimada de entre 10 500 y 12 000 millones de personas. Este dato, personalmente, me hace ser muy optimista, porque si combinamos esta tendencia con el aumento de la alfabetización y la mejora de la educación a nivel internacional, con el crecimiento de las economías menos desarrolladas y con las nuevas técnicas y herramientas de investigación, ¿a qué velocidad se podrá desarrollar la humanidad con 12 000 millones de personas, la mayoría educadas y cuyas capacidades estén apoyadas por recursos y tecnología punta?

Aunque pueda parecer contraintuitivo, este techo de la población está apoyado por datos actuales. El mayor ejemplo de esto es la tasa de crecimiento de la población mundial, que tocó techo en 1963, año en el que creció a un ritmo anual del 2,2 %. Actualmente, esta tasa de crecimiento ya se ha reducido a la mitad, situándose en el 1,1 %. Otro dato que demuestra que ya estamos inmersos en la fase avanzada de la transición demográfica es que en 1965 cada mujer tenía un promedio a nivel internacional de 5 hijos. 55 años después, la fecundidad total se ha reducido a menos de la mitad. Y por último, algo que quizás sorprenda a más de uno: en la actualidad dos tercios de la población viven en un país donde la fecundidad es inferior a 2,1 nacimientos por mujer, tasa necesaria para alcanzar el reemplazo generacional.

El desarrollo demográfico de los próximos años va a cambiar mucho la distribución actual de la población mundial. Hasta ahora, la población de Europa ha crecido levemente en los últimos años gracias a la inmigración. Es el caso de España, cuyo crecimiento natural poblacional, es decir, el que tiene en cuenta solo nacimientos y muertes sin introducir la variable migratoria, es negativo desde 2017. Lo mismo ocurre en otros países como Italia, Portugal o Grecia. Sin embargo, las caídas de las tasas de fertilidad de los países europeos son tan implacables que 2030 se convertirá en el primer año en el que Europa pierda población, y este será solo el primero de muchos.

Al inicio del proceso de transición demográfica se encuentran muchos países que van a absorber casi todo el crecimiento demográfico mundial. Hablamos de la India, Pakistán, Bangladés, Filipinas, Indonesia o la práctica totalidad del continente africano. Este caso merece un capítulo aparte. La mitad del crecimiento demográfico internacional hasta 2050 vendrá del continente negro, el cual doblará su población en apenas 30 años hasta alcanzar los 2500 millones de personas. Como hemos estudiado en los capítulos anteriores, la nueva distribución demográfica acabará por trasladar el centro económico y geopolítico del océano Atlántico al Indo-Pacífico. El sur de Asia se consolida como la región más poblada del mundo y la India supera ya a China en este punto. Por todo ello, la inmigración será un fenómeno clave para redistribuir las ineficiencias demográficas que ya han comenzado a aflorar. El desarrollo económico de África en las próximas décadas es indudable, pero es muy posible que el continente, al igual que la India, no pueda absorber todo el crecimiento de población que va a experimentar. De esta forma, serán muchos los ciudadanos africanos que tengan que emigrar a Europa. Una Europa que a su vez va a necesitar a estos inmigrantes para paliar sus cada vez más insostenibles pirámides demográficas.

LA DICTADURA DE LA PIRÁMIDE POBLACIONAL

Para ilustrar este tema, voy a tomar el ejemplo de España. No obstante, lo que voy a explicar se aplica a cualquier país desarrollado. España es un país de viejos. Tan sencillo como eso. En menos de 50 años la media de edad de su población ha subido en nada más y nada menos que 14 años. Es decir, que en 1975 la edad media española no llegaba a los 30 años, mientras que a principios de 2020 esta era de 44 años. ¿Y esto por qué pasa? Pues por el simple hecho de que tenemos pocos hijos. Bien sea por motivos económicos o bien porque los hábitos de vida están cambiando, la realidad es que los españoles cada vez tenemos menos descendencia y una de las menores tasas de fertilidad a nivel mundial. De hecho, cada mujer en estado fértil actualmente tiene tan solo 1,3 hijos de media, algo que no da para reemplazar la población actual, ya que se necesitan al menos dos hijos por cada mujer fértil para que demográficamente vaya la cosa bien.

Vale, está claro que nacen muy pocos niños, pero ¿cómo va el tema de las muertes? Pues bien; afortunadamente cada vez muere menos gente, pero eso es lo peor que le puede pasar a nuestra economía. Desde 1975 hasta 2019 la esperanza de vida en España ha pasado de los 73 a los 83 años. Es decir, los españoles cada vez vivimos más y casi todos los años estamos en el top 5 mundial de los países con mayor esperanza de vida.

La conclusión de todo esto es sencilla: si cada vez la gente vive más y nacen menos niños, la población envejece. Cada vez hay más personas que alcanzan la edad de jubilación, que actualmente se encuentra, por norma general, en los 65 años. Hay un índice muy chulo, que es el índice de envejecimiento de la población, que nos indica cuántas personas mayores de 64 años hay por cada 100 niños menores de 16 años. Pues bien, no para de subir. En 2010 había 106 ancianos por cada 100 niños, mientras que en 2020 ya había 125 ancianos por cada 100 niños. Vamos con otro ejemplo. En el año 2000 las personas mayores de 100 años eran 5760, mientras que en 2020 ya había 17308; en otras palabras, la población centenaria se ha multiplicado por tres en apenas una década.

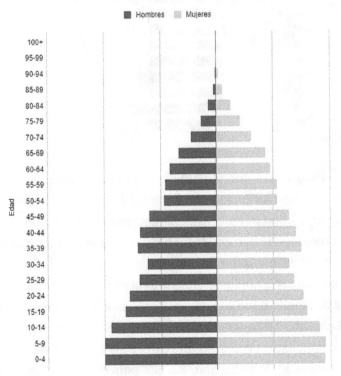

Pirámide de población de España en 1970

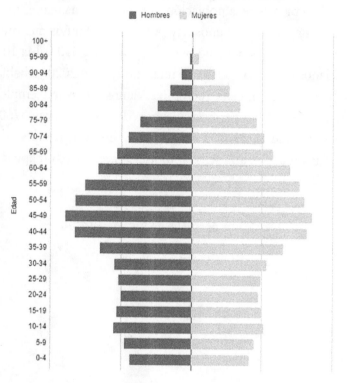

Pirámide de población de España en 2022

Hombres   Mujeres

Pero vamos con el dato clave: ¿cuántos ancianos hay y cómo ha evolucionado este número? Lo primero, me he tomado la libertad de considerar anciano a toda persona que ha rebasado la barrera de los 65 años, y que, por tanto, está en edad de jubilación. El número de ancianos en el año 2000 rondaba los 6,5 millones, mientras que en 2021 el número se ha disparado hasta superar los 9 millones. Y no, la tendencia al alza no se está deteniendo.

Para hacer un análisis más exhaustivo, hay que recurrir a la pirámide de población. En ella podemos ver cosas muy

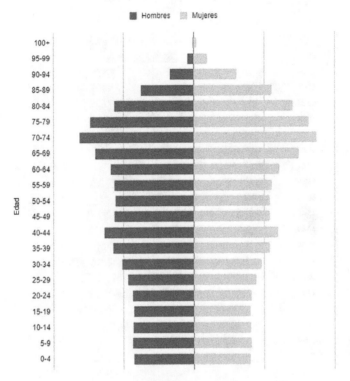

Pirámide de población de España en 2050

■ Hombres ▨ Mujeres

interesantes, como las de los niños que no nacieron durante la guerra civil española, fruto de las dificultades económicas de la época, las altas tasas de mortalidad infantil durante la posguerra o el mini *baby boom* de los años de bonanza previos a la crisis del 2008 y al estallido de la burbuja inmobiliaria. Pero, sobre todo, lo que más se ve es el famoso *baby boom*, esa época en la que la España franquista se empezó a desarrollar, entre mediados de los años 50 y los años 70. Y realmente no está bien designada dicha etapa, ya que la tasa de natalidad se mantuvo. Lo que cambió fue que las tasas de

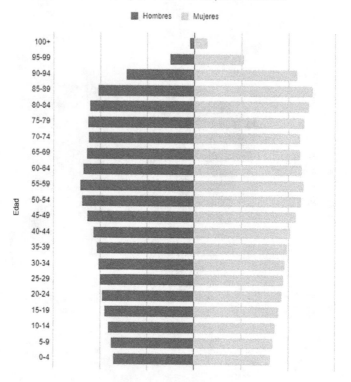

Pirámide de población de España en 2100

■ Hombres ▨ Mujeres

mortalidad infantil y juvenil se redujeron una barbaridad gracias a que el país se estaba convirtiendo en desarrollado, y la sanidad, que traía consigo nuevas técnicas y tratamientos, penetraba en todas las capas de la población. El *baby boom* finaliza cuando la tasa de mortalidad infantil se estanca, fruto de que ha bajado tanto que es prácticamente imposible que lo siga haciendo. Es importante mencionar que desde 1960 dicha tasa —el número de nacimientos en un año por cada mil habitantes— se mantiene constante en niveles propios de un país desarrollado, donde las parejas no tienen hijos para que ayuden económicamente a la economía del hogar.

Aun así, en 1980 la pirámide de población española tenía todavía forma de país en vías de desarrollo. El problema para España llega ahora que la generación del *baby boom* está en edad de jubilarse y una base poblacional cada vez más estrecha va a tener que mantener a una cantidad de ancianos cada vez más elevada, algo que el sistema de pensiones no parece que vaya a ser capaz de conseguir. ¿Por qué? La Seguridad Social es el organismo que se encarga del tema. Tanto si eres autónomo como si eres un trabajador por cuenta ajena, dicho organismo te quita todos los meses de tu sueldo una cotización, es decir, un dinero que va a parar a la llamada caja única, una caja que sirve para pagar el paro a los desempleados o la pensión a los jubilados, entre otras cosas. Esto es muy importante, porque nos deja un concepto que es el que pone en peligro todo el sistema. Lo que estás cotizando hoy se gasta en pagar las pensiones de hoy, no se guarda para pagarte la tuya cuando te jubiles, así que si en ese momento el sistema quiebra, lo siento, amigo, no se va a poder hacer nada por ti.

¿Y el sistema va a quebrar? Bueno, ya hemos visto la delicada situación en la que está, dado el envejecimiento de la población. Ante este problema, el Gobierno de José María Aznar pensó: ahora que las cosas van bien, ¿y si hacemos un fondo de reserva para cuando las cosas vayan mal y así poder tirar de esa hucha y pagar las pensiones? Pues dicho y hecho, España creó el Fondo de Reserva de la Seguridad Social, también conocido popularmente como la hucha de las pensiones, que llegó a tener 66 800 millones de euros al cierre de 2011, cuando José Luis Rodríguez Zapatero dejó de ser presidente. De hecho, la última aportación a ese fondo se hizo en 2010. El Fondo de Reserva de la Seguridad Social funcionó bien. En un principio, con ese dinero se hacían inversiones en deuda pública nacional y extranjera y en activos emitidos por el Instituto de Crédito Oficial. Todo ello daba a España importantes beneficios que iban a parar al propio fondo. Por ejemplo, las inversiones dieron al país en 2015 casi 4000 millones de euros en beneficios.

El problema es que desde la llegada de Rajoy a la presidencia en 2012, la hucha de las pensiones dejó de utilizarse como tal y se comenzó a usar para pagar gastos del Estado, como las pagas extras de los funcionarios o las propias pensiones. En apenas cinco años, el fondo fue prácticamente vaciado y España se quedó sin la herramienta que debía garantizar las pensiones a las generaciones venideras.

Vale. La pregunta que nos habíamos hecho era si el sistema quebraría, y de momento hemos visto que la herramienta diseñada para que no lo haga no ha funcionado y las variables demográficas hasta la fecha han ido empeorando para el sostenimiento de las pensiones. Pero ¿cómo van a evolucionar estas variables a futuro?

Pues si hasta ahora la historia da miedo, lo que viene a continuación da verdadero pánico. Dentro de 30 años, cuando los que ahora tienen 35 tengan la teórica edad de jubilación, es decir, los 65 años, la pirámide de población en España va a estar totalmente invertida. Hablamos de que el Instituto Nacional de Estadística (INE) pronostica que en 2052 habrá siete millones de personas más en edad de jubilación y diez millones menos en edad de trabajar. Además, todo esto no está contando con otras cosas, como hipotéticos avances médicos que reduzcan aún más la mortalidad o algunos hábitos saludables que se imponen entre la población, como mejoras en la dieta o el aumento y popularización del deporte.

Por si todo esto fuera poco, actualmente España está pagando una de las pensiones más altas del mundo en función del salario recibido. Y es que la retribución media corresponde al 83 % del último salario, mientras que la media de la OCDE apenas supera el 58 %. Por otro lado, el país tendrá que asumir los costes sanitarios propios de tener una población aún más envejecida, disparándose el gasto necesario en sanidad y en medicación para los nuevos millones de ancianos. Por último, España está aumentando su deuda para hacer frente a todos sus gastos, lo que quiere decir que el pago de intereses no para de incrementarse. Esto nos lleva a que en la actualidad el país gaste más en pagar los intereses de la deuda que en las prestaciones del paro. El punto álgido de este colapso llegará en 2050, momento en el que la generación *baby boom* comience a ser ya residual y el número de pensionistas descienda paulatinamente. Pero, hasta entonces, ¿esta situación tiene solución? ¿Qué podría hacer el Gobierno español?

Cómo salvar el Titanic

Lo primero que se nos ocurre cuando pensamos en soluciones es bajar las pensiones. Sí, bajar las pensiones o, en su defecto, aumentar la edad de jubilación. Esto permitiría un menor gasto por pensionista y a la vez un menor número de estos, lo que implica una mayor cantidad de gente trabajando. ¿El problema? Enfadaría a la mayor parte de los pensionistas, que cada vez son más numerosos y que, otra cosa no, pero salen masivamente a votar cuando hay elecciones; por ello, dudo que nadie se atreva a tomar estas decisiones. Un enfado, a su vez, bastante comprensible, pues si llevan pagando las pensiones de los demás toda la vida, ¿por qué a ellos no se las van a pagar en los mismos términos y condiciones? Lo que sí se podría hacer con un menor coste político es incentivar el trabajo por encima de los 65 años, bien con beneficios fiscales o con mejores retribuciones futuras.

Las políticas de aumento de la natalidad también pueden ser un balón de oxígeno para la situación. Sin embargo, han resultado ser un fracaso en todos los países desarrollados en los que se han implantado. Es el caso de Hungría que ya vimos en el capítulo 4. Otra posible solución sería dar facilidad a millones de inmigrantes para que se asienten en el país. De esta manera, España incorporaría a centenares de miles de trabajadores que, además, por motivos socioculturales, aún tienen por lo general mayores tasas de fertilidad, por lo que el beneficio para el sistema de pensiones sería doble. El problema de esta medida es que la entrada de inmigrantes a gran escala de un país puede llevar al estallido de conflictos sociales y al surgimiento de populismos. Vamos, que el coste político de la decisión puede resultar alto y no todos los políticos están por la labor de asumirlo.

Otra manera de controlar la situación que se nos viene encima es el aumento de la productividad. Si optamos por no aplicar otras políticas y unos pocos trabajadores van a cargar con el peso de todo el país, su productividad tiene que ser muy alta para ser capaces de llevar con garantías este peso. El problema es que actualmente parece que los indicadores de productividad no están creciendo y en el horizonte no parece que esto vaya a cambiar. Este problema español es bastante contraintuitivo, ya que el progreso tecnológico y la adopción de mejores técnicas y medios no están trayendo consigo un aumento acorde a la productividad. De hecho, en los últimos años ha sido relativamente frecuente encontrarnos con un crecimiento negativo de esta en la economía española. Por tanto, esta solución, que sería la más lógica y la menos traumática, no es viable si no hay un verdadero golpe de timón que permita resolver el problema de las pensiones.

La medida que puede causar más controversia es el cambio total de sistema que conllevaría romper con el imperante y adoptar uno nuevo, en el que se mezcle lo público incentivándose los planes de ahorro privados, se implemente la llamada mochila austriaca, las cuentas nocionales o se utilice cualquier otra fórmula que permita la supervivencia del sistema de pensiones. Por último, hay otra manera de garantizalas: subir aún más los impuestos al resto de la población activa, a las rentas más altas o a las empresas. El problema es que una subida excesiva puede ser contraproducente para la economía y provocar fuga de capitales o una bajada en la inversión o el consumo, por lo que basar la supervivencia de las pensiones exclusivamente en subir los impuestos es muy peligroso.

En las próximas tres décadas todo apunta a que las condiciones de aquellos que se jubilen no van a estar garantizadas, al menos en los mismos términos que las contemplamos ahora. Es muy probable que las décadas de los 30 y los 40 sean de movilizaciones sociales que deriven en una lucha generacional. De un lado, aquellos que trabajaron toda su vida y que reclamen buenas condiciones de retiro. Del otro, aquellos trabajadores que, ahogados por su situación personal, no estén dispuestos a ver cómo la generación de sus padres vive con todas las comodidades a su costa. La batalla de las generaciones ha comenzado.

No obstante, es relativamente sencillo sacarle provecho a esta macrotendencia, si es que realmente confías en que se va a dar. Multitud de negocios tienen excelentes perspectivas, y es que, con el envejecimiento de la población en Occidente, un montón de servicios dedicados a cuidados de personas mayores tendrán vientos de cola para volar hacia el estrellato. Hablamos de residencias de ancianos, servicios de cuidados o la propia industria farmacéutica como los grandes beneficiados de esta ola. Y no, no soy el único que ha pensado ya en esto, de hecho, este tipo de negocios forman parte de la conocida como *aging economy*. Un ejemplo muy interesante de analizar son los REIT —o SOCIMI en español— especializados en esto. Un REIT es un fondo de inversión que invierte en bienes raíces. Pues sí, si te lo estás preguntando, ya existen algunos especializados en la compra de edificios que tienen que ver con el negocio de la salud y los cuidados, es decir, aquellos cuyas inversiones son hospitales, centros médicos, centros de enfermería y residencias de ancianos. Estos REIT son especialmente interesantes en Estados Unidos, donde el sistema de salud es completamente privado y donde este tipo de activos han dado una mayor revalorización histórica. Además, los REIT tienen una gran ventaja, y es que están obligados por ley a pagar el 90 % de la renta imponible a los accionistas, por lo que sus dividendos suelen ser mucho más altos que los de las acciones normales.

La nueva clase media viene del este

Es complicado definir lo que es la clase media, ya que no hay una cantidad de renta o patrimonio estandarizada internacionalmente que nos diga a qué tipo pertenece cada persona. Sin embargo, todos tenemos muy presente en nuestra cabeza lo que es alguien de clase media. Hablamos de una persona que tiene una relativa estabilidad financiera y una buena calidad de vida, alejada de grandes lujos. Una persona que necesita trabajar para poder vivir, pero cuya situación económica es de cierto confort, tiene una vivienda y no pasa apuros para pagar su hipoteca. Además, puede hacer frente a imprevistos económicos, disfrutar de su tiempo libre e incluso darse ciertos caprichos de vez en cuando. Un curioso fenómeno que se da en todas las sociedades desarrolladas es que la mayoría de la población se considera de clase media, incluidos muchos de los elementos de las clases bajas y altas. Esta errónea autopercepción viene del sesgo cognitivo que nos produce el simple hecho de conocer o saber de alguien que está peor o mejor que nosotros. Desde que las clases medias tomaran los mandos de las economías occidentales desarrolladas en los años 50, estas han sido el motor de la economía. La demanda interna surgida a raíz de dicho progreso ha sido la principal palanca de crecimiento en zonas como Europa occidental o Estados Unidos.

Sin embargo, a raíz de la crisis de 2008, en las principales potencias europeas y en Estados Unidos esta clase media está empezando a verse comprometida, pues sus miembros ven sus salarios reales decrecer. El salario real nace de cruzar los aumentos de salarios con la inflación. En otras palabras, los precios están subiendo más de lo que suben de media los salarios y esto es un torpedo contra la línea de flotación de la clase media. El aumento en los precios de productos básicos, de la vivienda y el cada vez más prohibitivo acceso a sanidad y educación en muchos países son las grandes causas de esta tendencia.

Sin embargo, en la próxima década, la clase media mundial, siempre hablando en paridad de poder adquisitivo, crecerá más que nunca. La humanidad tuvo que esperar hasta los años 80 para ver engrosar su clase media hasta los 1000 millones de personas. En 2008, la clase media mundial la formaban ya 1800 millones de personas. En 2016 se estimó que este número había escalado hasta los 3200 millones. Desde entonces, la cifra aumenta cada año en 160 millones de personas y las previsiones que hay son de llegar a los 5200 en 2030. De hecho, la humanidad ya ha conseguido un hito: sumar a más de la mitad de la población del planeta a la clase media.

Pero si acabamos de decir que en Estados Unidos y Europa la clase media se está reduciendo, ¿de dónde viene tanto excedente? Pues el 88 % de esta nueva clase media viene de Asia, principalmente de países como China, Vietnam, Indonesia, Filipinas, Malasia o la India. Desde 2009 China se ha colocado como el país que más habitantes ha sumado a la misma con más de 700 millones; pero, debido a su crecimiento demográfico, en la década de los años 30 la India destronará a China como el principal tenedor de clase media del mundo. No en vano, en los últimos años el PIB indio ha estado creciendo a ritmos del 6 % anual, mientras que el de la eurozona lo ha hecho al 0,5 %. No obstante, para 2030 se estima que más del 40 % de la clase media vivirá en uno de los dos gigantes asiáticos.

África, por su parte, tendrá que esperar. Es cierto que la gran potencia demográfica del continente negro, Nigeria, está aportando a la clase media mundial un millón de nuevos integrantes al año; sin embargo, estas cifras están lejos de las asiáticas. La incertidumbre que aún hay sobre la fecha del despegue de África como potencia económica hace prever que será esta región la que provea al mundo de nueva clase media a partir de los años 2040-2050, cuando el crecimiento indio en particular y asiático en general pueda empezar a ralentizarse. Por tanto, es un hecho que la nueva clase media será asiática, pero ¿qué implicaciones tendrá esto?

En primer lugar tenemos que sumergirnos un poco en la cultura asiática, que si bien difiere mucho entre países, sí que tiene un elemento en común, la estratificación. Las sociedades asiáticas tienden a ser mucho más estamentales. En ellas, la clase social a la que perteneces puede incluso excluirte de la sociedad. El mejor ejemplo de esto es el sistema de castas de la India, el cual el Gobierno indio trata de combatir sin mucho éxito. Esto provoca que en Asia no solo sea importante pertenecer a una determinada clase social, también hay que parecerlo. Además, las clases medias son consumidoras de todo tipo de bienes y servicios, por lo que el tejido industrial de los países con una nueva clase media incipiente se desarrollará de forma espectacular.

Este hecho se une a otro muy importante: en Asia los productos y, sobre todo, las marcas occidentales son sinónimo de lujo y a menudo se utilizan como un indicador de clase. Es por esto por lo que muchas marcas estadounidenses y europeas tienen profundos intereses asiáticos. El mejor ejemplo de esto es LVMH, empresa matriz de Louis Vuitton. El *holding* francés vende en Asia el 34 % de su facturación, y este dato no incluye Japón, que vende a su vez un 7 % adicional.

Eso sí, no tenemos que perder de vista que hablamos siempre de paridad de poder adquisitivo. En términos absolutos, las clases medias occidentales aún tienen patrimonios y rentas mucho mayores que las asiáticas. Lo mismo ocurre entre países, ya que el gasto medio de la clase media china es un 30 % mayor que el gasto medio de la de la India. Tampoco se puede perder de vista la edad media de las personas que forman esta clase en cada rincón del planeta, ya que no es lo mismo la envejecida clase media europea que la jovencísima clase media india, cuyo grueso se encuentra en el grupo de edad comprendido entre los 20 y los 45 años. Por ello, las empresas tendrán que ser muy finas a la hora de discriminar precios por países y adaptar sus productos y servicios a las necesidades, demografía, gustos y cultura de la clase media de cada país. Además, la aparición de cisnes negros como el COVID-19 o un hipotético conflicto armado en Taiwán pueden echar abajo todas las previsiones de crecimiento de regiones enteras, por lo que hay que ser muy cautelosos si finalmente decidimos apostar por alguna de estas economías.

8
HACIA UN MUNDO 100 % RENOVABLE

La tendencia es imparable. La humanidad se encamina hacia un mundo en el que la energía sea 100 % renovable y las emisiones de carbono a la atmósfera se reduzcan al mínimo. El problema no es tanto si ese escenario se producirá como cuándo lo hará. La primera fuente de energía utilizada por el ser humano fue el fuego, y su descubrimiento, o mejor dicho, la capacidad de dominarlo, data de hace unos 500 000 años. El fuego servía para todo; de repente el ser humano podía calentarse, cocinar alimentos, iluminar, cazar y utilizarlo como arma, e incluso acabó sirviendo para forjar metales.

Aunque parezca mentira, fue la principal fuente de energía para el ser humano hasta el siglo XVIII, momento en el que James Watt crea la máquina de vapor. Esta necesitaba quemar carbón o madera y con el calor resultante se calentaba agua que convertía en vapor. El vapor resultante se encontraba en una caldera cerrada herméticamente y producía la expansión de un cilindro que, empujando un pistón, generaba el movimiento que luego se podía aplicar a una rueda, engranaje o lo que fuese. El problema es que la quema de madera no se podía sostener eternamente, porque no había tanta, y el carbón no era tan fácil de obtener, así que las investigaciones dieron con un nuevo combustible, el petróleo, un elemento menos accesible aún que el carbón que se encontraba en zonas muy concretas del mundo, pero que tenía muchísima más densidad energética. Dicho de otra manera, con menos cantidad se podía obtener más energía.

Paralelamente al descubrimiento del petróleo, se inventó el alternador y por fin el ser humano comenzó a poder transformar el movimiento del agua o el del viento en energía eléctrica, algo que cambió el mundo para siempre. Pero los problemas continuaban, el petróleo era escaso y al igual que el carbón quemarlo para obtener energía contaminaba mucho. Afortunadamente, junto con este siempre se encuentra gas natural, que también se comenzó a quemar para obtener energía. Pero una vez más había problemas: contaminaba menos, pero era escaso. A la vez, todavía era pronto y la tecnología no permitía crear grandes infraestructuras para aprovechar la energía eólica e hidráulica, así que en la primera mitad del siglo XX se continuó experimentando con tecnologías más complejas.

De la rotura del núcleo de un átomo surgió la fisión nuclear, una fuente de energía muy potente de la que se puede obtener muchísima energía, pero que una vez más presentaba inconvenientes. En primer lugar, las centrales nucleares son muy caras de construir. En segundo lugar, la fisión nuclear genera residuos radiactivos que hay que almacenar en grandes cementerios de hormigón, generalmente bajo tierra o bajo el mar. Por último, la asociación de la energía nuclear al armamento nuclear, los accidentes nucleares como el de Chernóbil o Fukushima y las acciones antinucleares de los grupos de activistas ecologistas han provocado que haya un gran rechazo entre la población a esta fuente de energía.

Sin embargo, a medida que ha mejorado la tecnología, quemar carbón se ha hecho muy barato, acceder a gas y petróleo mucho más accesible, utilizar la energía nuclear más seguro, y algunas energías renovables como la eólica, la fotovoltaica o la hidráulica por fin son rentables. Además, ya sabemos que hay otras fuentes de energía llamando a nuestra puerta que prometen nuevas revoluciones, como el hidrógeno verde, la energía geotérmica, la mareomotriz o la más prometedora de todas, la fusión nuclear. El problema es que con todo este abanico de energías disponible, el ser humano, o, mejor dicho, empresas y Gobiernos, se tienen que poner de acuerdo en cómo y cuándo llegar a ese punto en el que toda la energía consumida por el ser humano sea renovable y barata, y algo mucho más importante, cómo transitar hacia ese escenario.

Afortunadamente, el mundo entero se ha puesto de acuerdo en esto. En 2015 se firmó el Acuerdo de París, en el que todos los países del mundo se comprometieron a reducir sus emisiones de gases de efecto invernadero para frenar el calentamiento global y limitar este a un aumento de 1,5 °C con respecto a los niveles preindustriales. Los acuerdos entraron en vigor en 2020, cuando el Protocolo de Kioto llegó a su vencimiento. El gran problema para la consecución de este objetivo es China, quien, a pesar de estar haciendo una gran apuesta por las energías renovables, aún emite el 30,7 % del dióxido de carbono mundial. Sin embargo, en cuanto a emisiones per cápita, países como Canadá, Estados Unidos, Australia, Rusia, Kazajistán o Arabia Saudí todavía llevan la delantera, siendo solo superados por Singapur, Mongolia, y Emiratos Árabes Unidos.

En estos temas Europa va por delante. Y es que la Comisión Europea ya ha anunciado la descarbonización del Viejo Continente para 2050. Esto significa que para ese año no deberá emitir gases de efecto invernadero. Una carrera que sin duda ha sido acelerada por el conflicto de Rusia y Ucrania, que ha dado a Europa un serio toque de atención para que esta no dependa energéticamente de terceras potencias. Por tanto, en un mercado internacional marcado por el control de la mayor parte de las reservas de combustibles fósiles del planeta en manos de autocracias, el gran reto para realizar esta transición hacia sociedades 100 % libres de emisiones pasa por llevar a cabo una transición lo menos traumática posible y sin que implique un gran aumento de precios.

La energía nuclear, una transición polémica

Por un lado, nos vamos a tener que acostumbrar a subidas en los impuestos de carburantes y de todo aquello que utilice fuentes de energía sucias. Peajes en carreteras para coches de combustión y tasas aeroportuarias y turísticas más altas serán el pan de cada día para alcanzar el objetivo de 2050. Por tanto, en una economía con el carbón desterrado y con los Gobiernos desincentivando el uso de combustibles fósiles, será clave la energía nuclear.

La fisión nuclear es la fuente de energía perfecta para completar esta transición. ¿Por qué? Por un lado, es una fuente de energía que garantiza el suministro eléctrico, ya que las centrales nucleares tienen que estar constantemente encendidas las 24 horas del día, los 365 días del año. Además, la energía nuclear es respetuosa con el medio ambiente y no contribuye al cambio climático, puesto que su generación no emite gases de efecto invernadero ni partículas contaminantes. A ello hay que sumar que Europa cuenta con la infraestructura necesaria, pues construir desde cero estas infraestructuras es lo que dispara el coste de esta energía. En la Unión Europea, 13 de los 27 Estados miembros tienen centrales nucleares, y Francia es la principal potencia en este sentido, con 58 reactores.

Fuera de Europa, Estados Unidos y China son las principales potencias nucleares, con 96 y 50 reactores, respectivamente. No obstante, ambos países han anunciado programas muy ambiciosos para aumentar su capacidad de generación. China está construyendo 150 centrales nucleares y espera tenerlas operativas en 2035, mientras que Estados Unidos tiene previsto construir 300 reactores compactos para 2050.

LA ENERGÍA DE LAS RENOVABLES

Tras la necesaria colaboración de la energía nuclear, las fuentes de energía renovables tradicionales están llamadas a ser claves en el devenir energético. Poco a poco, gracias a la tecnología, la energía hidráulica, la eólica y la fotovoltaica se han ido abriendo hueco en el mercado. La capacidad de aprovechar mejor la energía desprendida en los saltos de agua, la mejora de los molinos de viento y la capacidad de fabricar paneles solares más eficientes han logrado hacer estas energías por fin rentables y, por ello, las empresas han comenzado a subirse al tren de las renovables y a realizar inversiones millonarias en granjas solares y campos de molinos. Un ejemplo es el precio medio por vatio producido por los paneles solares fotovoltaicos, el cual se ha reducido en un 99,6 % desde 1976.

Pero el gran salto tecnológico se ha dado en los últimos 10 años, donde se ha producido el 90 % de esta caída. De hecho, en casi todas las grandes potencias como en China, la India o en gran parte de Europa, construir nuevas instalaciones de energía renovables desde cero es más barato que operar plantas de carbón o gas. De ahí que sean muchos los Gobiernos que estén dando numerosas ayudas y subvenciones a las compañías energéticas y subvencionando la instalación de placas destinadas al autoconsumo.

Actualmente, China está construyendo granjas solares a gran velocidad. Y es que el gigante asiático está instalando potencia fotovoltaica al mismo ritmo que Estados Unidos y la Unión Europea juntos. Y eso que la rapidez de instalación de este tipo de energía por la UE está siendo endiablada y la previsión es que siga siendo así. Mientras que en 2021 la Unión Europea instaló 31,8 GW, se espera que esta cifra llegue a los 100 GW en 2025. China también lidera el *ranking* de potencia total instalada con 308 GW, muy por delante de la UE (178 GW) y aún más de EE. UU. (123 GW).

España es un buen ejemplo de inversión en renovables. El país de la paella fue el 7.º del mundo que más potencia fotovoltaica desarrolló en 2021, gracias a un nuevo récord de potencia solar instalada tanto en suelo como en autoconsumo. En cuanto a potencia general, ocupa el puesto número 9 del *ranking* mundial, pero todo parece indicar que mejorará en los próximos años. En 2021, el 8 % de la energía generada en España ya era fotovoltaica; el 11 %, hidráulica; y nada menos que el 23 %, eólica.

Es primordial que España aproveche que es el país europeo con más horas de sol al año y cumplir el objetivo de convertirse en exportador de energía. Actualmente el sector fotovoltaico en España contribuye con 12 228 millones de euros al PIB nacional y genera cerca de 90 000 empleos entre directos, indirectos e inducidos. No obstante, el sector fotovoltaico es un sector en el que el I+D+I está a la orden del día y continuamente se están patentando nuevos diseños y materiales con los que realizar los paneles solares. Hay un montón de nuevas tecnologías con las que aprovechar mejor la luz y el calor solar, desde paneles solares que de forma inteligente se mueven como un girasol siguiendo el sol, hasta dispositivos que se autolimpian cuando detectan que el panel tiene un mínimo de suciedad. Pero, quizás, el descubrimiento que más eficiencia promete son las perovskitas, un material alternativo al silicio que promete ser más duradero, eficiente, barato y fácil de fabricar; sin embargo, los científicos aún están trabajando en su desarrollo.

A pesar de lo interesantes que parecen resultar las energías renovables en general y la energía solar fotovoltaica en particular, tienen un gran problema. Ni todo el día luce el sol ni todo el año sopla el viento. Debido a ello, en la descarbonización del planeta será clave el almacenamiento de energía recurriendo a un elemento que ya es capital en nuestras vidas. Hablo, cómo no, de las baterías. El problema con ellas es que aún son ineficientes, caras, se degradan mucho

Porcentaje de producción de electricidad por fuente, Unión Europea (27)

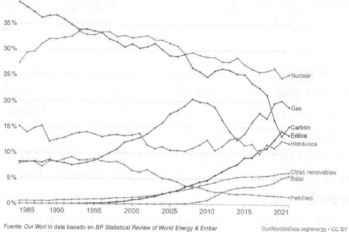

Fuente: Our Worl in data basado en BP Statistical Review of World Energy & Ember   OurWorldinData.org/energy · CC BY

con el tiempo y su impacto medioambiental es muy alto. Hoy por hoy, el mundo de las baterías está dominado por el litio, pero la humanidad no llegará muy lejos con ellas. Sin embargo, en el Instituto Tecnológico de Massachusetts (MIT) ya han demostrado que el futuro pasa por hacer mejores baterías de elementos baratos y abundantes como el aluminio y el azufre. Los resultados preliminares de estas investigaciones son sorprendentes y estas baterías parece que pueden superar a las de litio en todo.

Otras investigaciones abordan este problema a través de otro nuevo tipo de baterías, las de flujo, las cuales utilizan tanques de líquido para almacenar la energía y podrían ser muy útiles para realizar esta tarea en las centrales eléctricas. No obstante, son muchos los científicos que han decidido tomar otro camino: el de mejorar la velocidad de carga en vez de la capacidad. Si cargar un coche eléctrico supusiese un solo minuto, estos vehículos no tendrían por qué contar

144   2100: UNA HISTORIA DEL FUTURO

con baterías con más autonomía que las actuales. El problema, lejos aún de solucionarse, es el de conseguir una carga rápida sin deteriorar las baterías de litio. Sea cual sea la fórmula vencedora, parece que el mayor reto del ser humano ahora es desarrollar e implantar paralelamente la generación de energía limpia y su almacenamiento masivo, barato y eficiente.

Queda claro, pues, que el carbón está en la UCI, que el petróleo tiene una enfermedad terminal que a medio plazo acabará con su vida y que el gas llegará al mismo destino que el petróleo, pero con unas décadas de retraso. Por su parte, la energía nuclear será de transición, mientras las renovables se hacen con el poder a nivel mundial y prometen un futuro limpio y sin emisiones; siempre y cuando el ser humano sea capaz de aprender a dominar el almacenamiento de la energía. ¿Y ya? Pues no, nos quedan por ver dos temas más que a buen seguro revolucionarán la sociedad tal y como la conocemos.

El primero es el hidrógeno, el elemento más abundante del universo. El hidrógeno está llamado a ser una de las grandes revoluciones del siglo XXI, ya que puede resolver por sí solo el problema que acabamos de ver. Existe un dispositivo muy parecido a una batería que se conoce como pila de hidrógeno. La diferencia es que, en vez de recargarse con electricidad, almacena la energía recargándola con hidrógeno y es mucho más rápida de cargar; además, puede ser mucho más grande. A ello se suma que cualquier dispositivo que utilice el hidrógeno no va a emitir gases a la atmósfera, por lo que es una energía limpia y sostenible. Por último, es importante señalar que el hidrógeno se puede transportar mediante gasoductos; así, muchos de los gasoductos construidos en los últimos años para transportar gas natural pueden readaptarse fácilmente para transportar hidrógeno. Todo esto convierte a esta forma de energía en el combustible perfecto para grandes medios de transporte, como los barcos cargueros o los aviones, donde sustituir los motores de combustión por baterías de litio o de cualquier otro material sería muy complejo.

Pero el hidrógeno tiene un problema, y es que, a pesar de ser el elemento más abundante del universo, en la Tierra no es así. Además, no se encuentra puro porque siempre está ligado a otro elemento, el oxígeno, al que se une para formar agua (H_2O). Por eso, el hidrógeno tiene que separarse del resto de los elementos, es decir, tiene que producirse, lo cual requiere una gran cantidad de energía. Existen diferentes tipos de hidrógeno, dependiendo de la técnica utilizada para su separación. De esta forma, nos podemos encontrar el hidrógeno rosa, cuando se obtiene de energía nuclear, o el hidrógeno turquesa, creado mediante pirólisis de metano en un reactor. Pero los tipos más conocidos son el gris, el azul y el verde.

El hidrógeno gris es el que se obtiene mediante la quema de hidrocarburos como el carbón o el gas natural. Y se llama así porque contamina mucho, puesto que la emisión de gases que produce dicha quema se emite a la atmósfera sin ningún tipo de control. Obviamente, esto no soluciona nada, ya que al final se queman igualmente combustibles fósiles y se contamina. Por eso hay otra solución, que es el hidrógeno azul, que también se obtiene de la quema de hidrocarburos, pero las emisiones que provoca no se vierten directamente a la atmósfera, sino que todos esos gases se capturan y se almacenan reduciendo el impacto medioambiental. El problema del hidrógeno azul es que para almacenarlo se inyecta en pozos geológicos que pueden afectar a acuíferos subterráneos. Otra opción es vender CO_2 a diferentes industrias, pero tampoco esa es una solución a gran escala. Por tanto, equivale un poco a barrer la casa y meter los restos debajo de la alfombra.

EL HIDRÓGENO VERDE, EL SALVAVIDAS ESPAÑOL

Afortunadamente, en los últimos años ha surgido el hidrógeno verde, que se obtiene a partir de fuentes de energía renovables mediante un proceso llamado electrólisis. El hidrógeno verde viene a resolver el problema de almacenar grandes cantidades de energía renovable excedente para poder utilizar cuando no sople el viento o no haga sol. A pesar de que todavía la generación de hidrógeno sea cara y no se haya alcanzado la escala suficiente para que la puesta en marcha de este ecosistema sea viable económicamente, ya son muchos los países que tienen estrategias para situarse como referentes en su generación y exportación. Son precisamente aquellos con mayor capacidad de generación de energías renovables a los que más les interesa que esta tecnología sea una realidad. La adopción del hidrógeno verde haría de países como Chile o España, tradicionalmente importadores de energía de países ricos en combustibles fósiles, potencias exportadoras de energía.

Especialmente interesante es el caso de España, con unas excelentes infraestructuras gasísticas y que a día de hoy están infrautilizadas, y a la vez con un gran potencial renovable con zonas de intensos vientos y la zona con más horas de sol de la Unión Europea. Otra región que promete ser un gran exportador de este tipo de energía es el norte de África. Hablamos de Marruecos, Argelia, Túnez o Egipto, países que se encuentran a las puertas de Europa y que tienen el sol por castigo. Una gran noticia para España, puesto que todo el flujo que se exporte del norte de África al Viejo Continente tendrá que pasar por los gasoductos que conectan Argelia con España y los que conecten Argelia con Italia.

Todo esto explica por qué el país ha insistido para dejar de ser una isla energética, hasta que Francia ha accedido a construir el BarMar, un corredor de energía verde que en un futuro llevará hidrógeno de la Península y del norte de África al resto de la Unión Europea. España cuenta desde 2020 con un plan estratégico sobre el hidrógeno que prevé una capacidad instalada de electrolizadores de 4 GW, para lo que tendrá que invertir 8900 millones de euros hasta 2030. Empresas como Repsol, Iberdrola, Endesa o EDP España ya tienen en marcha grandes proyectos de este tipo. De hecho, según la empresa de consultoría de datos Wood Mackenzie, en el primer trimestre de 2022 España llevó a cabo el 20 % de los proyectos de hidrógeno verde del mundo, siendo solo superada por Estados Unidos.

La Unión Europea no es ajena a esta cuestión y tiene su propio plan sobre el hidrógeno, llamado la Estrategia Europea del Hidrógeno (EU Hydrogen Strategy), que lo convertirá en el elemento clave para conseguir en 2050 desterrar el carbono para siempre. La estrategia planea instalar

6 GW de electrolizadores para 2024, 40 GW hasta 2030 y la producción masiva hasta 2050. Para ello, el aumento de generación de energía por fuentes renovables será clave, ya que para entonces una cuarta parte de la electricidad renovable podría usarse para la producción de hidrógeno verde. La Comisión Europea ya ha dado luz verde para la inversión de los primeros 5200 millones de euros de dinero público en proyectos relacionados con el hidrógeno verde. Sin embargo, Bruselas estima en 500 000 millones de euros la cantidad de dinero que se invertirá en infraestructura destinada a este proyecto.

Mientras, las empresas de transporte están dando sus primeros pasos en este sentido. Airbus, el gran gigante de los constructores de avión que se reparte con Boeing casi toda la cuota de mercado mundial, está desarrollando un motor de pila de hidrógeno que permita construir aviones con cero emisiones en 2035. Además, el gigante de la aviación ya trabaja en dotar a los aeropuertos de la capacidad de reabastecer de hidrógeno a los futuros aviones de cero emisiones. De momento, el aeropuerto de Toulouse ha sido el elegido para albergar esta capacidad, ya que es ahí donde Airbus llevará a cabo sus pruebas con su motor de hidrógeno verde. Además, el aeropuerto también almacenará dicho hidrógeno para abastecer a su flota de más de 50 vehículos terrestres.

Mientras, en el mercado automovilístico también hay novedades: ya se han comercializado los primeros coches con motor de pila de hidrógeno, como el Hyundai Nexo y el Toyota Mirai. El Hyundai Nexo fue el primero en llegar a España y está provisto de un motor de 184 CV, su velocidad máxima es de 179 km/h y, lo mejor de todo, necesita solo cinco minutos de carga para tener una autonomía de 666 km/h. El Toyota Mirai, por su parte, solo necesita tres minutos de carga para recorrer 500 km, algo que deja muy por detrás las bondades del coche eléctrico.

El problema de los coches con pila de hidrógeno es su escala. El mundo aún no está preparado, pues su pequeño volumen hace que sean demasiado caros, que apenas haya mecánicos con conocimientos en estos sistemas e incluso poco fiables. Pero el mayor problema son los puntos de recarga; y es que de momento se cuenta con los dedos de una mano el número de puntos públicos de repostaje con hidrógeno (3) y con los dedos de las dos manos (7) el número de unidades vendidas en España en el año 2020. No obstante, el Gobierno cifra en 100 las que habrá disponibles en 2030. Por su parte, Europa tiene 228 puntos de repostaje, de los cuales 101 están en Alemania. A ello hay que añadir que todavía es algo más caro llenar un depósito con hidrógeno que con un combustible tradicional. En definitiva, el desarrollo del hidrógeno verde en la automoción tardará en llegar, pero llegará y amenaza con dejar obsoleto el coche eléctrico antes incluso de que este conquiste totalmente el mercado.

Desde BMW adelantan que el coche de hidrógeno tendrá mucho futuro y ya trabajan en la producción de su modelo iX5, que será un híbrido que utilice hidrógeno y a la vez un motor eléctrico. Aun así, el coche eléctrico es ya un hecho. Mientras que en 2021 se vendieron globalmente 15 500 coches de hidrógeno en todo el mundo, principalmente en Corea del Sur, la cifra de vehículos eléctricos alcanza los 6,6 millones. Según la Agencia Internacional de la Energía (AIE), el mundo necesitará una flota de al menos 2000 millones de coches eléctricos, pero es muy posible que finalmente los de hidrógeno lleguen antes para quedarse con la mayor parte del pastel.

LA FUSIÓN NUCLEAR Y EL FIN DE LOS PROBLEMAS

Es posible que con la combinación de energías renovables e hidrógeno verde, el ser humano solvente todos sus problemas de sostenibilidad. Sin embargo, hay una tecnología que amenaza con cambiar para siempre la forma en la que nos relacionamos con la energía y eliminaría un montón de limitaciones con las que actualmente contamos: la fusión nuclear. No hay que confundir la fisión nuclear con la fusión nuclear. De la fisión nuclear ya hemos hablado y puede ser una herramienta muy útil para acometer estos años de transición energética hasta que alcancemos la generación de energía 100 % sostenible. Sin embargo, la fusión nuclear es otra cosa, hablamos de una tecnología con capacidad para proporcionarnos energía limpia e ilimitada para siempre.

La cuestión básica entre la fusión y la fisión nuclear es similar. En ambas, una reacción molecular libera calor que se utiliza para calentar agua, esta se convierte en vapor y el vapor liberado mueve una turbina que genera electricidad. La diferencia entre fusión y fisión es que la primera es un proceso mucho más complejo, tanto es así que aún no se ha conseguido que la reacción de fusión se comporte de forma estable de manera prolongada. En la fisión nuclear lo que se intenta es romper el núcleo de un átomo de uranio para dividirlo en dos y aprovechar parte de la energía que se libera en este proceso. Lo potente de la fisión nuclear es que a partir de la fisión del núcleo del átomo de uranio se produce una reacción en cadena en la que los neutrones resultantes interaccionan con otros núcleos fisionables. Si esto se hace de manera controlada en una central nuclear, el resultado es la obtención de energía que se puede inyectar al sistema.

Por el contrario, la fusión nuclear es un proceso mucho más complejo y diferente. Los científicos se inspiraron en el funcionamiento de las estrellas y pensaron en replicarlo a pequeña escala en un laboratorio. En este caso hablamos de conseguir temperaturas tan altas que permitan la fusión natural de los núcleos de hidrógeno para formar helio. Cuando este fenómeno se produce, se libera una gran cantidad de energía. El dilema es que para imitar este fenómeno los científicos tienen que replicar el funcionamiento del núcleo de una estrella, y claro, eso es harina de otro costal. No me detendré en más cuestiones técnicas porque no soy un experto en el tema, lo importante es quedarse con que para avanzar en esta investigación se necesitan cantidades descomunales de recursos. Tanto es así que varios países tuvieron que unirse para construir el ITER (International Thermonuclear Experimental Reactor), un proyecto en el que participan la Unión Europea, China, la India, Estados Unidos, Japón, Corea del Sur y Rusia. Las instalaciones se están construyendo en Francia, costarán 24 000 millones de euros y tienen como objetivo demostrar la viabilidad científico-técnica de la fusión nuclear. No obstante, los experimentos del ITER se alargarán al menos hasta 2050 antes de que tengamos resultados concluyentes.

Pero, individualmente, el mayor avance lo ha conseguido Estados Unidos, al lograr que una reacción de fusión nuclear obtuviese una ganancia neta de energía, es decir, obtener más potencia a partir del proceso que la que se dedicó en obtenerlo. Por su parte, China también está avanzando en este ámbito. De hecho, una voz prestigiosa de la comunidad científica, como es la de Peng Xianjue, profesor de la Academia China de Ingeniería Física, asegura que el país será capaz de operar una central nuclear de fusión en 2035.

La fusión nuclear pondría fin a muchos de los problemas de la humanidad, pero sería una irresponsabilidad fiarlo todo a una carta que no nos aporta, de momento, ninguna certeza y que como mínimo tardaría décadas en ser globalizada. Por ello, apostar por la transición energética es el gran paso que debemos abordar. Afortunadamente, Gobiernos de todo el mundo, con mayor o menor ahínco, parecen tener esta idea en mente, y la citada transición parece que podrá completarse para 2050 en las economías desarrolladas y antes de final de siglo en todo el mundo. El planeta sostenible es posible y lo tenemos al alcance de la mano.

Obviamente, serán muchos los sectores que se beneficien de esta nueva situación. Fabricantes de coches eléctricos y de hidrógeno, fabricantes de baterías, operadores de centrales nucleares, empresas dedicadas a la generación de energías renovables e hidrógeno verde, instaladoras de parques fotovoltaicos y de autoconsumo, y un sinfín más de nichos podrán hacerse de oro durante esta transición. La inversión de ingentes cantidades de fondos públicos en este campo hará que muchas empresas cuenten con enormes facilidades financieras y burocráticas para llevar a cabo sus proyectos.

¡PELIGRO! EL AGUA SE ACABA

Casi todo el mundo sabe que un ser humano puede aguantar un mes sin alimentos, pero no puede vivir sin beber agua durante más de tres días. Afortunadamente para nosotros, el agua cubre el 70 % de la corteza terrestre. ¿El problema? Muy sencillo, el 97 % del agua que hay en el mundo es salada, mientras que el 2 % es dulce y se encuentra congelada en los polos. Esto significa que solo el 1 % del agua que hay en la tierra es agua dulce en estado líquido, la que el ser humano utiliza para la mayor parte de sus usos. Parte de ella se encuentra en acuíferos subterráneos en los que el acceso es muy difícil, por ello, desde los inicios de la humanidad el hombre se ha asentado en aquellos lugares donde el agua está cerca y en la superficie. Es por esto por lo que la mayoría de las ciudades, tanto antiguas como nuevas, se hallan cerca de un lago o un río. ¿Por qué? Bueno, la respuesta es obvia. El ser humano necesita beber. Según la OMS, un adulto sano necesita unos 35 ml de agua al día por kilo de peso. Por tanto, una persona de 50 kg necesita 1,7 litros de agua, mientras que una de 70 kg necesitará 2,4 litros. También necesitamos asearnos, cocinar, limpiar nuestras casas y un sinfín de tareas diarias en las que es un elemento imprescindible.

Sin embargo, todo eso representa solo el 8 % del agua que se consume en el mundo. ¿Y el resto? Pues una parte se consume en procesos industriales. Por ejemplo, sectores de la industria pesada como la siderurgia o la metalurgia tienen que utilizar grandes cantidades de agua para refrigerar su maquinaria. Sin ella las máquinas se calentarían hasta que las fábricas simplemente reventasen. En otras industrias, como en la minera o en la energética, se tienen que utilizar enormes volúmenes del líquido elemento para mover turbinas que purifiquen el mineral obtenido o generen energía.

Otra industria con un uso intensivo en agua es la de los semiconductores, es decir, la fabricación de microchips, un elemento clave de nuestra sociedad, pues cualquier aparato electrónico los lleva. Los transmisores de estos microchips se producen a escala microscópica, por lo que sus componentes tienen que ser lavados con agua ultrapura para no contener ningún agente externo, y hacen falta enormes cantidades de agua dulce normal para obtener agua ultrapura. Esto hace que, por ejemplo, en 2019 las fábricas de Intel usaran más del triple que las plantas de Ford Motor. Pero en la industria donde se utiliza más agua dulce es en la industria agroalimentaria y en la ganadera. Por ejemplo, para que puedas degustar una taza de café, han hecho falta 130 litros de agua durante todo el proceso productivo. ¿Un plátano? 160 litros de agua. ¿Has comprado un kilo de queso? De propina has contribuido a gastar más de 5000 litros de agua. No obstante, hay algo peor que todos estos consumos, ya que la medalla de oro se la lleva la industria cárnica. Para producir una simple hamburguesa se utilizan

1650 litros de agua, ya que el ganado consume una barbaridad de hierbas o alfalfa que han requerido de mucha para crecer.

Aun con todo esto, nos falta por ver en dónde se emplea el 70 % del agua dulce que utilizamos los humanos, que no es en otra cosa que en la agricultura. De hecho, según el Banco Mundial, a nivel planetario más de 330 millones de hectáreas cuentan con instalaciones de riego. Y aquí es donde tenemos que hablar de nuevo del aumento de la población, que en 2050 alcanzará los 10 000 millones de personas. Y tenemos que hablar de este incremento no solo porque las personas beban más, sino porque también comerán más y por tanto la agricultura también crecerá, aumentando el uso del líquido elemento. De hecho, la mayor parte del aumento de la población mundial se dará, como dijimos, en zonas como África, la India, Indonesia y Oriente Próximo, regiones con un gran estrés hídrico.

Todo esto provoca que el consumo de agua no solo se haya disparado en los últimos años, sino que continuará creciendo durante las próximas décadas, a la par que muchos acuíferos subterráneos, hasta ahora vitales, se están secando. La cuenta es sencilla: cuanta más población hay, y cuantas más actividades productivas impliquen el consumo de más agua, la escasez de esta irá en aumento. Por su parte, la población mundial seguirá creciendo hasta por lo menos el año 2100, cuando está previsto que se alcance su techo, estimado en unos 12 000 millones de personas. Hasta entonces, el precio del agua continuará subiendo.

Pero aún hay más. El calentamiento global está provocando grandes sequías a lo largo y ancho del planeta, y los procesos de desertificación, fruto del aumento de las temperaturas y la falta de lluvia, avanzan alcanzando latitudes mayores. El problema es que los países son muy poco solidarios entre sí y nadie quiere regalar su agua, en parte porque no existe la infraestructura necesaria para ello. Es por esto por lo que en muchos países desarrollados el agua se derrocha alimentando cultivos de regadío en zonas áridas. Quizás el ejemplo más claro del derroche y la insolidaridad sea la proliferación que ha habido en los últimos años de campos de golf en desiertos. De esa manera, lugares como Emiratos Árabes Unidos, Catar o Arabia Saudí se han llenado de este tipo de instalaciones, y aunque algunos cuentan con procesos de riego muy eficientes, no deja de ser un auténtico disparate.

Tampoco hay que olvidar que la red acuífera de la mayoría de las naciones es tremendamente ineficiente, algo común en todos los Gobiernos de países tanto desarrollados como en vías de desarrollo. Los Estados han dejado de lado las inversiones necesarias en el mantenimiento y la mejora de la infraestructura acuífera. Esto ha provocado que, por ejemplo en México, que no va precisamente sobrado de agua, se pierda hasta el 40 % de la misma por las tuberías que van desde las fuentes hasta su destino final. Pero este fenómeno no es exclusivo de los países menos desarrollados. Sin ir más lejos, en 2016, en España, se perdió en su transporte el 16,3 % del agua dulce extraída.

Además, multitud de acuíferos, lagos y ríos han sido contaminados, y sus aguas tienen que pasar por complejos procesos de depuración antes de poder ingerirse. El problema de ser una cuestión de largo plazo para la seguridad mundial es que, generalmente, los Gobiernos dan prioridad a otras cuestiones más inminentes. Aun así, repasemos algunas de las posibles vías que podrían mitigar la gran crisis acuífera que se avecina.

Seguramente lo hayas pensado, ¿no podríamos construir más desalinizadoras para convertir agua salada de los océanos en agua dulce? Pues sí, es una de las soluciones. El problema que tiene esta solución es que actualmente las desalinizadoras solo producen el 1 % del agua consumida en el mundo. Además, las instalaciones de este tipo son extremadamente caras y requieren de un uso intensivo de energía, por lo que no son una solución viable para resolver el conflicto a corto plazo. Eso sí, con la generalización de las energías renovables esta solución puede ganar peso en las próximas décadas. No obstante, no está ni mucho menos claro que esta sea una solución viable antes del final de siglo.

Otra posible solución sería realizar un uso más eficiente del agua. Si bien, como hemos visto, el progreso tecnológico requiere de un uso intensivo del líquido, también nos permite poco a poco ir siendo mucho más eficientes en áreas como la agricultura. Y es que ya existen sistemas de riego que suministran a cada planta la cantidad exacta de agua que necesita en cada momento. El problema, de nuevo, es que estos sistemas son muy caros y apenas han penetrado en un porcentaje muy pequeño de la agricultura de los países más desarrollados.

Sin duda, otra manera de dejar de derrochar tanta agua es realizar las inversiones necesarias para modernizar las infraestructuras acuíferas y reducir al máximo el agua desperdiciada en su transporte, especialmente en las ciudades, que es donde más se pierde. También aplicar una legislación más dura contra la contaminación del subsuelo y de los ríos y lagos ayudaría a mejorar este hecho, especialmente en aquellos países donde la contaminación campa a sus anchas, como en el caso de la India, donde se estima que el 70 % de su agua dulce está contaminada.

Por otro lado, se debe crear una legislación internacional al respecto mucho más clara, así como organismos internacionales destinados a aumentar la solidaridad hídrica entre países, con acuerdos regionales como el Pacto de los Grandes Lagos en EE. UU. o el del Nilo en África. Esto evitará en el futuro el estallido de guerras por el control del nuevo oro líquido en el que se convertirá dicho elemento. Un papel vital en su uso eficiente y la mitigación de estos problemas será el de las ciudades del futuro.

SMART CITIES, MÁS QUE CIUDADES INTELIGENTES

La industrialización en el siglo XIX dio comienzo a una tendencia que no se ha detenido desde entonces. Con la aparición de las grandes fábricas a mediados del XIX en las principales ciudades europeas, millones de trabajadores emigraron del campo a la ciudad buscando oportunidades y un mejor porvenir. Cuando el siglo XX dio su primer paso, el 13 % de la población mundial ya vivía en ciudades. Aquellos que emigraban hacia ellas lo hacían para escapar de la pobreza y de una vida rural que parecía guionizada de principio a fin.

En 2007 la humanidad alcanzó un nuevo hito en su historia. Fue precisamente en ese año la primera vez que la población urbana superó a la población rural. Desde entonces, esta tendencia ha ido a más. Hoy en día, el 56 % de las personas vive en ciudades, lo que equivale a unos 4400 millones de personas. Anualmente, el planeta suma más de 80 millones viviendo en ciudades, más que la población de Reino Unido y aproximadamente la de Alemania. Alrededor de 1000 millones de personas son consideradas urbanitas pobres que viven en asentamientos informales, un buen eufemismo para evitar decir que el 8 % de la población mundial vive en chabolas perdidas en ciudades de todo el planeta, y todo apunta a que este número se duplicará en 2050.

Para el año 2035, 5000 millones de personas ya serán urbanitas, y en 2050 casi el 70 % de la población mundial habitará en ciudades, cifra que aumenta al 85 % si nos vamos hasta finales de siglo. En España, la tendencia es aún mayor y para 2050 el 88 % de la población residirá en núcleos urbanos. Pero si esto da miedo por los retos que plantea, hay más. En las últimas décadas la urbanización ha alcanzado una nueva dimensión, ciudades gigantes de más de 10 millones de personas que plantean retos a los que nunca nos hemos enfrentado. Hoy en día, la mayor megaciudad del mundo es Tokio, cuya área metropolitana cuenta con 37,5 millones de personas. Le siguen Nueva Delhi (28,5), Shanghái (25,6), São Paulo (21,7) y Ciudad de México (21,6). Sin embargo, las economías emergentes crearán nuevas megaciudades, principalmente en Asia y en África. De ahí que en 2200 se estime que las principales sean Lagos, con 88 millones de habitantes; Kinsasa, en la República Democrática del Congo, con 83; Dar es-Salam, en Tanzania, con 73; Bombay, en la India, con 67, y Nueva Delhi, también en la India, con 57.

Hoy en día, existen 36 megaciudades y solo dos de ellas, Londres (11) y París (11), están en Europa. Lo mismo ocurre con Estados Unidos, que únicamente cuenta con Nueva York (21) y Los Ángeles (15,5) en el *ranking*. Hoy por hoy, Asia, con 21 megaciudades de las 36 existentes, lidera claramente la lista.

Como viene siendo habitual, la demografía es la variable que reina en este análisis. El envejecimiento en las ciudades de los países más desarrollados hace que su población crezca levemente o incluso decrezca en algunos casos. Esto provocará que Nueva Delhi se convierta en la ciudad más grande del mundo, por encima de Tokio, antes de 2030. Pero que las megaciudades aumenten su tamaño no es el único reto para la humanidad, y es que estas no solo van a crecer en tamaño, sino también en cantidad. Las 36 megaciudades actuales se convertirán en 40 antes de 2030.

Una ciudad es mucho más que casas y edificios. En el desarrollo de cualquier urbe, las infraestructuras, los espacios públicos, las zonas verdes, la calidad de las conexiones y el transporte público, todas ellas son variables que influyen determinantemente en la calidad y habitabilidad. Un gran temor que existe en relación con las megaciudades es la aparición de extensas zonas deprimidas que creen verdaderos cinturones de pobreza. Este caso es especialmente preocupante en África, donde puede que aumenten su tamaño exponencialmente sin que la economía crezca en proporción, por lo que la ciudad no pueda absorber a todos los nuevos urbanitas con garantías económicas. Esto, aunque me refiero a ello de cara al futuro porque la tendencia puede ir a más, ya ocurre en multitud de megaciudades a lo largo y ancho de todo el mundo. Visitar ciudades como El Cairo, Ciudad de México, Bombay o Manila es toda una bofetada de realidad para los ojos europeos. Lo mismo ocurre con el ritmo al que van creciendo las infraestructuras. Por ejemplo, construir una mísera línea de metro puede llevar hasta una década mientras se busca financiación, se soluciona la burocracia, se construye y finalmente se pone en servicio. Por tanto, el riesgo de que las ciudades crezcan a un ritmo superior al de la capacidad de las autoridades para crear infraestructuras en países en vías de desarrollo es bastante importante.

Mientras, en Occidente el principal problema que nos encontraremos en las ciudades es la difícil convivencia entre residentes y turistas. El legado cultural de las urbes europeas ha convertido a muchas de estas en destinos turísticos de primer orden. Hong Kong es visitada por 26 millones de turistas al año, Bangkok por 25, Londres y París por 21 millones cada una. En España, una ciudad relativamente pequeña, para las cifras de las que estamos hablando, como Barcelona, aloja a más de 6,5 millones de turistas al año, cifras muy cercanas a las de Madrid. Esta tendencia irá a más, ya que el coste relativo de viajar cada vez será menor, y todo parece indicar que dedicaremos menos tiempo a trabajar y, por tanto, tendremos cada vez más tiempo libre.

El problema de esta creciente demanda turística es que las ciudades necesitan lugares céntricos donde alojar a todos estos visitantes, lo que provoca que la demanda de bienes inmuebles en el centro sea altísima, empujando los precios al alza y haciendo que poco a poco se vacíen y sus poblaciones se desplacen a la periferia. Este problema no tiene solución sin poner coto al turismo o al número de alojamientos turísticos que se pueden establecer, lo que, por otro lado, empujará al alza los precios de los hoteles. En otras palabras, los Gobiernos locales tendrán que elegir qué quieren tener en el centro de sus grandes urbes, si turistas o ciudadanos.

Pero el gran problema que plantea la proliferación de grandes ciudades y, sobre todo, de megaciudades es su sostenibilidad. En la actualidad, en Delhi (India), el nivel de polución equivale a fumar 50 cigarrillos al día. De hecho, el promedio de contaminación de las ciudades indias supera en cinco veces los límites establecidos por la OMS. No obstante, este hecho no es solo achacable a dicha nación. Es cierto que tiene 26 de las 50 ciudades más contaminadas del mundo, pero es que Asia cuenta con el 100 % de las 50 urbes con mayor polución. De hecho, solo 6 de las 355 ciudades del sur y sudeste asiático cumplen con la normativa en materia de contaminación marcada por la Organización Mundial de la Salud.

Para paliar los efectos de la salvaje urbanización mundial, arquitectos, científicos, sociólogos y demás expertos de todo el mundo ya trabajan en diseñar las ciudades del futuro. No hay duda de que su porvenir pasa por el desarrollo de una lógica intensiva y no extensiva. Las urbes en general y las megaciudades en particular crecerán a lo alto y no tanto a lo largo y ancho. La tendencia a aumentar la densidad de su población tiene mucho sentido, ya que es precisamente eso lo que las hace sostenibles. El objetivo de que crezca a lo alto y no a lo ancho es acortar los desplazamientos y hacer menos necesarios los coches, asunto crucial para mejorar la habitabilidad y reducir la contaminación atmosférica, lumínica y acústica.

Las ciudades del futuro se verán forzadas a limitar el tránsito de coches, y a buen seguro los pocos que tengan permiso para circular serán vehículos que no emitan ruido ni emisiones. Lo mismo ocurre con los servicios públicos, como la recogida de basuras o el reciclaje, que pueden ser más eficientes si la densidad de población es mayor. Por todo ello, el futuro de las megaciudades pasa por tener grandes rascacielos en los que el propio edificio disponga de todos los servicios necesarios para el día a día de sus vecinos; así, paulatinamente se irán sustituyendo manzanas enteras de edificios de media y baja altura por estos mastodontes.

Pero para hacernos una idea de cómo serán las ciudades del futuro, nos tenemos que ir a la actual Masdar City, en Abu Dabi. Masdar City es una ciudad de 7000 km² con capacidad para unos 100 000 residentes. Se comenzó a construir en 2006 y se planea terminarla en 2030. El objetivo del proyecto es crear la urbe del futuro, convirtiéndose en la primera de la historia con cero emisiones de carbono. El proyecto costará en torno a 22 000 millones de dólares y el Gobierno emiratí planea dar un golpe encima de la mesa y posicionarse como un *player* principal en el sector del desarrollo de energías renovables.

Cada pequeño detalle del diseño de Masdar ha sido cuidadosamente pensado para que no requiera de ningún tipo de combustible fósil. También su orientación, que permite

que en las calles dé la sombra por el día para evitar un mayor
gasto de energía en aires acondicionados y brindar a los ciudadanos la posibilidad de tener hábitos de vida más saludables, al poder realizar un mayor abanico de actividades.
Además, se ha construido con materiales sostenibles que
incluyen las siguientes características:

- Tienen que ser reciclados.
- Tienen que haber sido producidos en el país.
- Tener propiedades que permitan la optimización de la
  energía.
- Tener alta masa térmica.
- Contar con un bajo contenido de compuestos orgáni-
  cos volátiles (COV).
- Ser muy duraderos.
- Disponer de bajos requisitos de mantenimiento y/o
  limpieza.

Por otro lado, el plano y la distribución de las zonas de
uso público y verdes también están cuidadosamente diseñados, de forma que resulten lo menos agobiantes para el ciu-
dadano. Incluso la localización de las fuentes públicas ha
sido celosamente preparada para mantener la temperatura
ambiente más fría. Pero donde esta ciudad pretende establecer las bases de lo que será el futuro es en la generación y
uso de la energía y la obtención y gestión del agua.

Como comenté anteriormente, Masdar depende al 100 %
de las energías renovables, entre las que se incluyen la energía fotovoltaica, los colectores solares, la obtención de energía
a partir de desechos y la energía geotérmica. Para ello, la

ciudad cuenta con una gran granja solar. Por supuesto, todos los edificios tienen grandes paneles solares que proporcionan un 30 % de la energía consumida. Además, están minuciosamente organizados, de forma que también proporcionen sombra extra a la calle en determinadas horas del día.

En cuanto a la gestión del agua, sus edificios están acondicionados para consumir un 54 % menos que el edificio medio de Emiratos Árabes Unidos. Además, el 75 % del agua caliente es provista por los receptores termales situados en la azotea. Incluso, el sistema de regado público ha sido diseñado para ser ultraeficiente y reducir en un 60 % el líquido empleado, necesario para regar los espacios verdes. La urbe también cuenta con una planta desalinizadora que aporta agua potable utilizando exclusivamente energías renovables para el proceso de desalinización, y se ha provisto de plantas para el tratamiento de aguas grises y negras.

Las calles de Masdar disponen, además, de las llamadas torres de viento, unas construcciones diseñadas para distribuir el mismo por las calles, y tiene un muro perimetral proyectado para proteger la urbe de las tormentas de arena. En cuanto a la movilidad, contará con una línea de metro y otra de tren ligero, ambas sostenibles, y para los taxis se utilizarán vehículos eléctricos autónomos y carritos eléctricos tipo *caddy*.

No obstante, el proyecto se ha dado de bruces con la realidad imperante, y su coste, unido a que hoy en día es una ciudad casi fantasma, está dificultando que nuevos habitantes se muden allí. No hay que olvidar que está en un lugar en el que se dan condiciones meteorológicas muy extremas y, de momento, apenas 2000 personas viven en ella. Aun así, ver los *renders* de proyecto y las fotos de lo que ya se ha construido nos da una idea de cómo pueden ser las *smart cities* del futuro. El problema es que irán surgiendo poco a poco en lugares muy puntuales de la geografía de aquellos países más desarrollados. Mientras, el hacinamiento de los menos desarrollados irá creando, poco a poco, problemas de difícil solución.

9
TIERRAS RARAS, SUPERMATERIALES Y SEMICONDUCTORES

El tiempo que resta del siglo XXI quedará sin duda marcado por la lucha por controlar y asegurar las cadenas estratégicas de suministros. Si algo nos ha enseñado la década de 2010 es que todas las economías, especialmente las más desarrolladas, son tremendamente dependientes de ciertas materias primas o productos de uso industrial necesarios para que el mercado funcione. También son temas que afectan a la seguridad nacional, ya que la cada vez más tecnificada industria de defensa requiere de *inputs* más específicos que no necesariamente están al alcance de todos los países, bien por accesibilidad geográfica o bien tecnológica. Este es el caso de materias primas como las tierras raras y otros minerales estratégicos, los nuevos materiales que poco a poco se van descubriendo y que pueden convertirse en indispensables en los próximos años, o, sin ir más lejos, la propia industria de los semiconductores, sobre la cual han llovido ríos de tinta que ponen las orejas tiesas a los Gobiernos de las principales potencias.

EL NUEVO ORO NEGRO ESTÁ EN CHINA

Actualmente existen una serie de materiales de los cuales no solo depende la economía mundial, sino directamente el desarrollo tecnológico del ser humano. Hablamos de las llamadas tierras raras. Se consideran así 17 elementos químicos que son metales y que, a pesar de su nombre, sí son abundantes en la naturaleza. El problema es que es muy difícil encontrarlos puros, sin mezclar con otros elementos. Hoy, las tierras raras son necesarias para la elaboración de la mayoría de los componentes de alta tecnología. Es decir, que sin ellas, sectores tan importantes como el energético, el médico, o directamente la venta de casi cualquier dispositivo electrónico serían imposibles. Por poner un ejemplo concreto, podemos citar el europio, que tiene una luminiscencia roja y que se utiliza en las pantallas de cualquier dispositivo, o el neodimio, un metal magnético por naturaleza que se usa para hacer miniimanes muy potentes. Otro ejemplo es el lantano, utilizado en las baterías recargables de muchos productos electrónicos y coches híbridos.

Las tierras raras fueron descubiertas en 1787, pero hasta los años 70 del siglo XX estas apenas tuvieron valor. Sin embargo, la invención de la televisión en color y su comercialización a gran escala dieron un gran impulso a su producción. Fue entonces cuando Estados Unidos puso al máximo rendimiento la explotación de sus minas en Mountain Pass, California. Desde entonces, la dependencia del ser humano de las tierras raras ha ido en aumento y hoy por hoy no ha tocado techo, es decir, cada vez dependemos más de ellas.

Además, son un asunto de seguridad nacional para todos los países, pues son un recurso clave para la industria de defensa. ¿Por qué? Porque las tierras raras son actualmente esenciales para un montón de equipos militares, como los dispositivos de visión nocturna, los sistemas de armas guiadas de precisión, los blindajes, los proyectiles, los equipos de comunicaciones, los sistemas de navegación, las baterías, los drones o los satélites de comunicaciones. Es por ello por lo que una interrupción en el suministro de estos metales puede ocasionar verdaderas crisis económicas y de seguridad en cualquier nación.

Pero en lo relativo a este asunto, Occidente tiene un gran problema. Una década después de que las tierras raras comenzasen a ser demandadas, en 1986, el Gobierno de la República Popular China puso en marcha el Plan Nacional de Investigación y Desarrollo en Alta Tecnología, con el foco en dichos elementos. Ya en 1992, el dirigente chino Deng Xiaoping dijo: «Los países de Oriente Medio tienen el petróleo, nosotros tenemos las tierras raras». Esta visión estratégica ha llevado al gigante asiático a controlar aproximadamente el 75 % de la producción y procesamiento de tierras raras. Y aún hay más, porque fusionó las tres grandes empresas de producción de las mismas para crear el líder mundial que ahora mismo produce al servicio de Pekín.

Ante esta situación, cabe preguntarse cómo es posible que países como Estados Unidos, Rusia, o la propia Unión Europea, lo hayan permitido. Y aunque realmente tierras raras hay en todo el mundo —por ejemplo, EE. UU. tiene importantes depósitos—, el problema es que en muchos lugares son o muy poco accesibles o los metales presentan un bajo grado de concentración, lo que requiere de una compleja tarea de procesamiento del material. Esto hace que la mayoría de las explotaciones no sean rentables y no quieran explotarlas. Además, es una industria que implica una gran contaminación, por lo que nadie quiere tener una de estas plantas cerca de casa. Esto provocó que incluso los estadounidenses cerrasen sus minas durante muchos años.

En cambio, China ha tenido una visión más largoplacista que el resto, algo que tiene más fácil por ser una dictadura y no tener que gobernar con la vista puesta en unas elecciones cada cuatro años. El caso es que el gigante asiático tiene montada una industria completamente autosuficiente de extracción de tierras raras, y lo que es más importante, el procesamiento de las mismas; algo bastante complejo y que no se puede replicar de la noche a la mañana. De hecho, a finales de 2017, el entonces presidente estadounidense Donald Trump emitió una orden ejecutiva para «garantizar el suministro seguro y fiable de minerales críticos para la seguridad de Estados Unidos», como el uranio o las tierras raras. Luego, a mediados de 2018, se diseñaron planes para reactivar la industria, pero las propias estimaciones del Departamento de Comercio de los Estados Unidos calcularon que llevaría 15 años poner el sector a pleno rendimiento. Esto ha llevado a China, incluso, a importar tierras raras de otros países para procesarlas en su propio territorio y después fabricar con ese material los dispositivos electrónicos que luego acabamos comprando en Europa, Australia o América.

La Unión Europea ya ha pronosticado oficialmente una escasez de tierras raras para 2025. También en Estados Unidos algunos centros de análisis han pronosticado lo mismo. Y es que tanto en la UE como en EE. UU. su demanda no para de crecer. Del mismo modo, se prevé un fuerte aumento de la demanda china, fruto de su crecimiento económico y de que la incipiente clase media cada vez consume un mayor número de dispositivos electrónicos y demanda más energía. Lo mismo va a ocurrir con otros países en vías de desarrollo, como la India, Vietnam, México o Brasil.

Toda esta situación nos indica que el planeta entrará en pelea por dichos elementos químicos; de hecho, esta lucha por conseguirlos ya se ha iniciado y está claro que China es la única que parte con una gran ventaja, pues solo ella cuenta con una industria dedicada exclusivamente a su obtención y procesamiento. Además, el país asiático no ha tardado en sacar esta arma a relucir y ha utilizado este sector como recurso político. Por ejemplo, Pekín ya limitó el suministro de tierras raras a Japón en 2012 por unas disputas territoriales. Finalmente, la Organización Mundial del Comercio (OMC) condenó a China en 2014 por ir contra sus reglas, y posteriormente el mismo gigante levantó estas medidas. Esta nueva arma política disuasoria tiene una utilidad diferente a otras, pues permite a China amenazar no solo a países, sino también a empresas concretas, como las de defensa estadounidenses u otras compañías que puedan ir contra los intereses de Pekín.

¿Qué pueden hacer el resto de países al respecto? ¿Están haciendo algo para posicionarse en esta nueva carrera geopolítica? Lo primero de todo es crear incentivos para promover la producción y el procesamiento de tierras raras. Y empezar a hacerlo hoy será mejor que hacerlo mañana. El problema es que, como hemos visto, montar una industria de este calibre lleva mucho tiempo. Además, los países desarrollados se enfrentan a otro gran problema para posicionarse en este asunto. Hablamos del activismo ecologista, que ha llevado a los tribunales y paralizado algunos proyectos de explotaciones mineras de tierras raras. Una contradicción con la que es difícil cabalgar: por una parte, es una industria muy contaminante, pero por otra las tierras raras son necesarias para la transición ecológica hacia una industria verde apoyada en las energías renovables. Ello ha llevado a la administración Biden a seguir los pasos de la administración Trump y dar ayudas y facilidades a diferentes empresas mineras que potencien la extracción y procesamiento de tierras raras.

Pero la Unión Europea aún va muy por detrás de Estados Unidos. De momento, se ha limitado a listar los distintos minerales que considera estratégicos y a trazar un plan para garantizar la cadena de suministros. Un plan que contempla la financiación de proyectos mineros en suelo europeo, la financiación de la búsqueda de nuevos yacimientos y la asociación con países como Canadá, Australia, Estados Unidos, algunos de Latinoamérica, Noruega, Ucrania o países del este de Europa que puedan tener algunos elementos de los que su suelo carezca.

Junto a ello, la UE ha puesto sus ojos en lo que hizo Japón en los años en que China restringió la exportación de tierras raras. ¿Y qué hicieron los nipones? Pues montar una gran industria de reciclaje de dispositivos que tuviesen componentes de tierras raras en su interior, para así reducir la dependencia del exterior. Así que seguramente nos tengamos que acostumbrar a que nos ofrezcan descuentos por entregar al fabricante nuestros viejos dispositivos, como televisores, portátiles o móviles, o puede que incluso nos acaben obligando a hacerlo por ley.

Y por si te preguntas cómo está el tema en España, la buena noticia es que no estamos tan mal. Poseemos importantes yacimientos de minerales estratégicos. En Orense existen yacimientos muy valiosos de coltán; en Cáceres los hay de litio; y en el fondo marino de Canarias se acumula el mayor yacimiento del mundo de telurio, donde también hay algunas tierras raras. Pero es en Ciudad Real donde se encuentra el mayor yacimiento de estos elementos químicos del país, con capacidad de suministrar un tercio de las necesidades actuales de la Unión Europea. Sin embargo, los proyectos para explotarlo han sido parados por la Justicia española tras la denuncia de diversos agentes sociales. Un caso similar es el de Pontevedra, donde se conoce la existencia de tierras raras, pero una maraña legislativa de momento no permite su explotación. Otro lugar que posee estos elementos es Juzbado, situado cerca de la frontera entre Salamanca y Zamora.

LOS MATERIALES DEL FUTURO

Si bien las tierras raras son el presente y el futuro de algunos problemas geopolíticos, existen una serie de materiales con propiedades increíbles que darán paso a la mejora de la eficiencia de todo cuanto nos rodea y también abrirán las puertas a nuevas tecnologías, productos e incluso industrias enteras. Comenzamos por unos materiales que han dado mucho que hablar en los últimos tiempos, pero que a buen seguro lo harán aún más. Hablamos de los superconductores, unos materiales por los que la corriente eléctrica fluye de un punto A a un punto B. Mientras que en los conductores el material tiene cierta resistencia que hace que parte de la energía se pierda por el camino, los superconductores son materiales por los que la electricidad fluye sin resistencia alguna, lo que les permite generar campos magnéticos que hacen que otros materiales desafíen a la gravedad y puedan levitar.

El problema que tenían estos materiales es que se pensaba que solo podían adquirir la superconductividad si se enfriaban muchísimo. Afortunadamente, a medida que se ha ido experimentando con otros materiales, la superconductividad ha ido apareciendo en otros compuestos a temperaturas más cálidas, incluso por encima de 0 °C. No obstante, este hallazgo introdujo nuevas problemáticas, y es que estos nuevos materiales solo adquirirían la superconductividad cuando los sometían a presiones altísimas. La comunidad científica continúa buscando nuevos materiales capaces de adquirir la superconductividad a temperaturas y presiones más normales.

De conseguirse, toda la infraestructura energética mundial se volvería muchísimo más eficiente, ayudando notablemente a la transición energética. Por ejemplo, en Estados Unidos se pierde el 5 % de la energía generada en su transporte. Otra aplicación muy interesante de los superconductores es aprovechar la levitación que provoca su campo magnético para propulsar trenes magnéticos como el Maglev. Estos trenes que ya están en funcionamiento en países como Japón o China son más rápidos y silenciosos que los ferrocarriles de ruedas convencionales; son todavía más rápidos si se emplean en tubos de vacío, pero aun así un Maglev fue capaz de alcanzar, en Japón, los 603 km/h en abril de 2015.

Otros materiales cuánticos llamados a tener aplicaciones completamente rompedoras son los superfluidos, líquidos que no tienen viscosidad y que pueden atravesar tabiques que se resisten a los propios gases. Sin embargo, a pesar de sus maravillosas propiedades, aún no se les han encontrado grandes aplicaciones, más allá de su uso en giroscopios, en medicina y para realizar otras investigaciones.

No obstante, más allá de materiales con propiedades cuánticas, tenemos otros más mundanos, pero cuyos usos pueden revolucionar el futuro. Un ejemplo de estos es el shrilk, un material con una gran resistencia, fuerza y manejabilidad que está llamado a sustituir al plástico. Proviene de la cutícula de los insectos y se fabrica con su seda y con la quitina del caparazón de los crustáceos. Esta mezcla da como resultado un material tan fuerte y resistente como el aluminio, pero más ligero y, sobre todo, biodegradable. Además, en su producción se puede cambiar su manejabilidad y elasticidad, por lo que es perfecto para desterrar el plástico de todo tipo de *packaging* de productos que consumimos día a día.

Otros materiales que tienen un futuro muy prometedor son los plásticos autorreparables, materiales sintéticos que se reparan automáticamente a sí mismos sin intervención del ser humano, algo parecido a lo que ocurre con un hueso humano cuando se fractura, pero llevado al terreno no biológico. Un ejemplo de esto son los materiales con memoria de forma. Si deformas un clip o un muelle y les aplicas un intenso calor, como si se tratase de magia ambos objetos vuelven a su forma original. Igualmente, existen plásticos capaces de repararse a sí mismos de pequeñas fracturas o desgastes manteniendo sus propiedades, algo posible gracias al empleo de nanocompuestos, que no son otra cosa que cápsulas muy pequeñas que al romperse liberan un agente polimerizante que repara automáticamente el desperfecto. Sus aplicaciones trascienden a casi todas las industrias en las que se utiliza el plástico y ayudarían a conseguir una mayor sostenibilidad.

Por su parte, el aerografito es un aerogel o espuma sintética que también está llamado a hacer grandes cosas, ya que es uno de los elementos estructurales más ligeros del mundo y 5000 veces menos denso que el agua. El aerografito es muy resistente, conduce la electricidad y, por si fuera poco, es resistente al agua. Además, puede comprimirse un 95 % y volver de nuevo a su estado natural sin sufrir daño alguno. Gracias a todas estas características, el material podría ser perfecto para su uso en baterías, pues podría reducir mucho su peso y por tanto la eficiencia de estas en el mundo de los transportes. Dada su impermeabilidad, el aerografito es perfecto para hacer ropa impermeable. Otros usos serían utilizarlo para fabricar protecciones para satélites o, incluso, para purificar agua, ya que puede actuar como absorbente de contaminantes.

Pero si hablamos de materiales del futuro, tenemos que hablar del rey de las especulaciones futuras, el grafeno, un material que viene del grafito, que es un gran conductor de la electricidad y el calor. Además es muy flexible, ligero, superresistente y muy duro. De hecho, el grafeno es 200 veces más duro que el acero y más duro que el diamante. Lo curioso es que es un material bidimensional, ya que se compone de una simple capa de átomos. Con estas características no es de extrañar que haya generado ríos de tinta. Se cree que con él se podrían fabricar baterías con una vida útil un 1000 % mayor. Además, estas baterías serían mucho más ligeras, lo que vendría de perlas a todos los medios de transporte eléctricos, como bicicletas, patinetes, motos o incluso coches. Al ser transparente y flexible, podría ser el material clave para la construcción de pantallas flexibles. También se cree que el grafeno revolucionará el sector de la iluminación con bombillas más eficientes que las luces LED. Otra posible aplicación es como aislante en la construcción de edificios o su empleo para la producción de células fotovoltaicas más eficientes.

Sectores como la electrónica podrían ver cómo el grafeno trae una nueva ola de eficiencia, brindando la posibilidad de construir dispositivos más pequeños, ligeros, resistentes y eficientes. La robótica sería otro de los campos más beneficiados por su implantación. Y si se pueden crear mejores robots, el grafeno también se puede utilizar para hacer prótesis inteligentes que permitan a sus portadores un salto de calidad de vida. Y es que esta sustancia presenta una gran biocompatibilidad que le da múltiples posibilidades a la hora de tratar tumores o hacer biosensores para diagnosticar cáncer o enfermedades neurodegenerativas.

Además de todo esto, es posible superponer capas de grafeno o de este y otro material con diferentes ángulos de rotación que crean a su vez nuevos compuestos, incluso superconductores. En definitiva, el grafeno está llamado a optimizar y hacer más eficiente casi cualquier industria en el mundo, a crear nuevas industrias e incluso a aportar características y usos que aún no imaginamos. Sin embargo, fue descubierto en 2004 y aún no ha conquistado el mundo. Esto se debe a que el supermaterial se ha topado con uno de los grandes problemas de nuestro tiempo: es muy caro de producir. A pesar de que los procesos para su obtención se han ido perfeccionando, el grafeno está aún lejos de ser lo suficientemente barato como para ser producido a gran escala. A pesar de ello, poco a poco el material va avanzando en sus usos y aplicaciones y las patentes registradas relacionadas ya se cuentan por decenas de miles.

Hoy en día, ya tenemos algunos productos que llevan grafeno. Si juegas al tenis o a pádel es posible que tengas una raqueta con grafeno, pues así los fabricantes consiguen que sean más ligeras y resistentes. Otro ejemplo son algunos cascos de moto, esquís, satélites e incluso auriculares que utilizan dicho material para conseguir una mejor transmisión del sonido. En cualquier caso, poco a poco iremos viendo cómo nuevas maneras de producir el grafeno y otros supermateriales van surgiendo y haciéndolos más competitivos. El futuro pasa por que todo cuanto nos rodea vaya poco a poco adquiriendo propiedades que nos hagan cada vez la vida más fácil, y que posiblemente hoy no podamos ni imaginar.

LAS GUERRAS POR LOS SEMICONDUCTORES

Es posible que no seas consciente, pero casi todos los elementos electrónicos que te rodean llevan microchips. También conocidos en el argot técnico como dispositivos semiconductores, se encuentran en objetos tan cotidianos como los *smartphones*, los coches y transportes de todo tipo, las televisiones y casi cualquier aparato electrónico que utilices en el día a día. De hecho, cada vez hay más semiconductores por todos lados. Hoy en día, con el llamado internet de las cosas, casi cualquier objeto cotidiano puede conectarse a internet. Básculas que se integran con tu *smartphone*, utensilios de cocina inteligentes, *smartwatches*, botellas e incluso cencerros para vacas. Pues bien, todos ellos llevan algún tipo de microchip. Pero estos van más allá del uso doméstico. Multitud de industrias vitales para el funcionamiento de una sociedad moderna necesitan de potentes microchips de última generación, incluida la todopoderosa industria de defensa. Misiles balísticos, buques de guerra, cazas de combate, tanques, artillería, radares, drones e incluso misiles antitanque los requieren para poder operar. Solo esto nos permite hacernos una idea de lo importantes que son los semiconductores para cualquier país, y especialmente para las grandes potencias.

Los microchips han evolucionado mucho desde sus inicios, y son la clave en el aumento de potencia de nuestros dispositivos electrónicos a lo largo de los años. Es por ello por lo que el ser humano ha sido capaz de crear dispositivos más pequeños, pero a la vez más potentes. Y es que la potencia de un microchip viene dada principalmente por el número de transistores que contenga. A más transistores, mayor potencia, por lo que reducir el tamaño de estos implica un aumento de su rendimiento.

Dentro de la industria de semiconductores hay dos procesos básicos. El primero de ellos es el diseño del propio microchip, un proceso bastante complejo en el que las empresas tecnológicas estadounidenses llevan la delantera. Este trozo del pastel se lo reparten Qualcomm, AMD, ARM y Nvidia. También Intel o la coreana Samsung tienen su huequito en el sector, pero ambas empresas participan en el otro gran proceso de esta industria: la producción de los microchips.

Hoy en día, estos se producen a escala microscópica, midiéndolos en nanómetros. Esto implica que para producir semiconductores se necesita tecnología de última generación y megafactorías que tardan años en construirse. Comenzar a desarrollar una industria de este calibre desde cero en cualquier país llevaría décadas hasta que pudiese competir en el mercado internacional. Además de unas instalaciones de vanguardia, la fabricación de semiconductores requiere de tres elementos muy importantes:

- Grandes cantidades de agua: al realizarse a escala microscópica, el proceso productivo que da lugar a los semiconductores tiene que estar libre de cualquier impureza. Para ello se utilizan grandes cantidades de agua ultrapura; y para obtenerla ultrapura hacen falta cantidades aún mayores de agua dulce normal.

- Por otro lado, hay microchips fabricados con materiales como el germanio o el azufre, pero la mayor parte de ellos están hechos con silicio, lo que explica el nombre de Silicon Valley, que en español se traduce como el Valle de Silicio. Silicon Valley es una zona en California donde se concentran la mayor parte de las empresas tecnológicas más importantes del mundo.

Afortunadamente, el silicio es el segundo elemento más abundante de la corteza terrestre, y representa el 25 % de la masa de esta. Pero el problema es que no se encuentra puro en la naturaleza, sino que se extrae tras procesar otros materiales que lo contienen, como el cuarzo, el ágata o la propia arena. Actualmente, más de la mitad de la producción de silicio mundial está en manos chinas, siendo Rusia el segundo productor mundial, lo cual sitúa a las potencias occidentales y a la India en una posición complicada, como en el caso de las tierras raras. Es por ello por lo que una vez más EE. UU. está tratando de asegurar su cadena de suministros, incrementando su producción de silicio y favoreciendo a las industrias de otros países productores de mayor fiabilidad.

- El tercer elemento necesario para la fabricación de semiconductores son las máquinas de litografía de ultravioleta extremo. Estos aparatos son equipos enormes, supercomplejos, con una tecnología tan avanzada que solo una empresa en el mundo es capaz de producirlos. Hablamos de la holandesa ASML, la cual se ha convertido en la mayor empresa tecnológica del mundo y una de las garantes de la estabilidad económica internacional. Las máquinas de litografía de ultravioleta extremo constan de más de 100 000 piezas, 3000 cables, 40 000 pernos y dos kilómetros de conexiones eléctricas. Además, cada una de ellas pesa unas 50 toneladas y cuesta 140 millones de euros.

Si en el diseño de microchips había poca competencia, las increíbles barreras de entrada hacen que en el sector de la producción de semiconductores haya mucha menos. En el pasado, la estadounidense Intel era la indiscutible líder del sector; sin embargo, poco a poco ha ido perdiendo competitividad con respecto a sus dos grandes competidores, la surcoreana Samsung y la taiwanesa Taiwan Semiconductor Manufacturing Company, más conocida como TSMC, primera empresa del mundo dedicada exclusivamente a la fabricación de semiconductores. Es decir, que fabrica, pero no diseña. Esta especialización le ha permitido ser la mejor fabricante del mundo y, poco a poco, ganar cuota de mercado hasta producir el 55 % de los microchips a nivel mundial.

Por todo esto, los semiconductores conforman una industria muy exclusiva en la que solo unos pocos países han conseguido tener un mínimo de protagonismo. Por encima de todos, Taiwán se lleva la palma. La isla asiática centraliza más del 60 % de la producción mundial de microchips. Y es que ha sabido desarrollar dicha industria durante décadas como la gran garantía para evitar una posible invasión china. ¿Te imaginas que casi toda la comida del mundo dependiera de un país? Pues la situación con los semiconductores es ahora mismo similar.

Una vez se resuelva el conflicto de Ucrania, Taiwán será el gran punto caliente de la geopolítica mundial. Afortunadamente, para la isla es bastante improbable que China decida llevar a cabo una acción militar mientras Taiwán continúe siendo la principal fuente mundial de semiconductores, pues, en dicho caso, el gigante asiático vería comprometido su propio suministro de semiconductores, mientras que Estados Unidos y sus aliados tendrían todos los incentivos para defender a la isla.

Aun así, EE. UU. está moviendo ficha y quiere aumentar su producción nacional y diversificar sus proveedores por si en algún momento cualquier evento inesperado interrumpiese la cadena de suministros a nivel mundial. Algo que ya pasó a raíz de la crisis del COVID-19, cuando la situación provocada por el virus, unida a un incremento en la demanda mundial de productos electrónicos y a unas sequías que sucedieron precisamente en Taiwán, provocaron un desproporcionado aumento de precios de los microchips, así como un importante desabastecimiento que llevó a cerrar diferentes industrias en todo el mundo, siendo la automovilística la más afectada por la crisis. Para evitar un escenario similar o peor en el futuro, la estadounidense Micron Technology ya ha anunciado una inversión de 100 000 millones de dólares que se aprovechará de los más de 50 000 millones de dólares que el Gobierno federal dará en subvenciones para el desarrollo de la industria de los semiconductores en los próximos años.

Anuncios similares, aunque menos ambiciosos, ha hecho la compañía estadounidense Qualcomm, que aumentará el gasto de microchips en la fábrica de GlobalFoundries de Nueva York. Otros actores, como Intel y Samsung, también han anunciado importantes inversiones en nuevas instalaciones industriales. El gigante taiwanés TSMC ha hecho lo propio para su expansión internacional, invirtiendo 12 000 millones de dólares en una nueva planta de Arizona, donde a partir de 2024 fabricará sus chips de última generación de tres nanómetros. La firma asiática tiene planes además para expandirse a Japón y a la Unión Europea, donde todo apunta a que abrirá una planta en Alemania. Por su parte, la UE también está apostando fuerte por la industria para dejar de ser tan dependiente. Aparte de la posible planta de TSMC, GlobalFoundries y STMicroelectronics han comunicado una inversión de 5700 millones de euros en Francia, mientras que Intel comunicó otra de 17 000 millones cerca de Berlín.

No obstante, la guerra por controlar la industria de los semiconductores ha empezado y Estados Unidos ya legisla al respecto. La administración Biden ha iniciado acciones para prohibir la exportación de microchips a China que sirvan para la producción de supercomputadores y dispositivos de inteligencia artificial. También ha prohibido a ASML la exportación de sus máquinas de litografía de ultravioleta extremo al gigante asiático. El pretexto del Gobierno estadounidense es que su adversario podría utilizar esta tecnología para modelar explosiones nucleares o para fabricar sus misiles nucleares estratégicos. Si bien este argumento es perfectamente válido, como hemos visto, el control de la industria de los semiconductores va mucho más allá.

Donald Trump también puso sus ojos en la relación del gigante chino con la industria de los semiconductores. Tanto es así que su administración sancionó a Huawei y prohibió que TSMC vendiera microchips al fabricante chino, por sus lazos con el Gobierno. No obstante, estos son solo algunos ejemplos del comienzo de una lucha que sin duda se extenderá durante todo el siglo XXI, de la misma manera que los enfrentamientos que se llevaron a cabo en el siglo XX por el control de los combustibles fósiles. Al fin y al cabo, todas las grandes macrotendencias, como la robótica, la nanotecnología, la computación cuántica, el internet de las cosas y similares, van a requerir de más y mejores microchips.

10
EL *BLOCKCHAIN* Y LAS CRIPTOMONEDAS

lockchain, criptomoneda, *wallet*, monedero, bitcoin, Doge, Ethereum, Solana, Cardano, *altcoin*, *halving*, minero, *hodl*, *stablecoin*, Terra, Luna, NFT, *proof of stake*, *proof of work* o *token*… son solo algunas de las palabras que más han sonado en los últimos años a raíz del *boom* de las criptomonedas con las que alguno se ha hecho rico y muchos otros han perdido hasta el DNI. Más allá de la avaricia y la especulación salvaje con la que el ser humano, una vez más, nos deleita creando una gran burbuja económica, las criptomonedas son solo una consecuencia de una tecnología que sí cambiará el mundo, el *blockchain*, que no es otra cosa que la tecnología que hay detrás de las diferentes criptos, NFT y demás.

Hoy por hoy, la mayor parte de los servicios *online* tienen una estructura centralizada, es decir, que para meterte en una web, mandar un mensaje, descargarte una foto o ver cualquier vídeo en una red social, accedes al servidor de una empresa. Estos servidores suelen ser propiedad de alguna gran tecnológica, y aunque normalmente creamos que un servidor es algo virtual que está por ahí en una nube, nada más lejos de la realidad. Las empresas tienen sus propios servidores, que no son más que ordenadores muy potentes donde se almacenan una gran cantidad de datos. Antiguamente cada empresa, por pequeña que fuese, solía tener un cuartucho en el que hacía mucho frío y del que dependía la presencia *online* de la organización en cuestión. Sin embargo, con el tiempo algunas fueron creando grandes edificios o naves industriales en las que metían un montón de servidores para después alquilarlos a otras empresas. De esta forma, gracias a las economías de escala, todos ganan. La empresa que tiene los servidores alquila sus equipos y se saca un dinero, y la que alquila este servicio también gana, puesto que tener sus propios servidores es mucho más caro y, en caso de que tuviesen algún pico de actividad, podrían colapsar y todo el sistema se podría caer. Este negocio de alquiler de servidores está ahora mismo en auge y ha evolucionado para ofrecer a las empresas todo tipo de servicios de almacenamiento, de computación y web. Esta forma de hacer las cosas está muy bien, y facilita mucho la gestión, pero también tiene sus problemas, y es que si el *data center* en cuestión tiene un problema, todo lo que haya almacenado o dependa de él se caerá. Lo mismo ocurrirá si hay algún ciberataque o si a alguien se le ocurre incluso atentar contra uno de estos edificios. Existe otro dilema, que no es otro que dejar demasiado poder en manos de un puñado de empresas que ofrecen estos servicios.

Como respuesta a estos inconvenientes se creó una nueva forma de hacer las cosas, una nueva arquitectura digital en la que ya no todo dependería de un nodo central robusto y fuerte, sino de muchos nodos muy pequeños pero que actuasen a la vez como una red incorruptible. Imagina un pago *online* entre un cliente y una tienda. En un sistema centralizado, todos los datos de la transacción se almacenarían en un nodo central, seguramente en un servidor de alguna de las empresas de las que hemos hablado. Si alguien consiguiese hackear ese servidor y borrar la transacción, sería como si esta nunca hubiese existido. En cambio, en un sistema descentralizado los datos de la transacción quedarían almacenados en muchos dispositivos a la vez de una misma red, es decir, en miles de pequeños ordenadores. De esta forma, aunque se consiga atacar a un ordenador de la red, la información continuaría guardada en el resto, por lo que el sistema es muy seguro, pues es casi imposible hackear simultáneamente miles de pequeños ordenadores. Además, ninguna autoridad o empresa puede controlar la red, al no poder ejercer un control efectivo sobre todos los nodos. Es la propia red la que se regula a sí misma.

Pues bien, esta red, que combina la tecnología de redes *peer to peer* con técnicas criptográficas avanzadas, es lo que se conoce como *blockchain* y es lo que alguien con el sobrenombre de Satoshi Nakamoto creó en 2008 para, un año después, sacar bitcoin como una criptomoneda que se construyó al calor de una red *blockchain*. Una característica clave de estas redes es que son públicas, por lo que cualquiera puede ver el historial de todo lo que se almacena en ellas. En otras palabras, una red *blockchain* no es otra cosa que una base de datos que está replicada en varios sitios llamados nodos y en los que cada entrada de información es validada por todos los nodos, de forma que esta no se puede alterar ni eliminar.

Bien, es hora de ver cómo esta tecnología puede cambiar el mundo. El caso de las criptomonedas ha sido el más famoso. La validación de transacciones dinerarias a través de una red *blockchain* es una opción muy suculenta, ya que elimina el hecho de que haya una autoridad monetaria validando las transacciones y administrando el sistema. Por ejemplo, en relación con las criptodivisas hay unas reglas establecidas en cuanto a la cantidad de bitcoins que hay circulando y que circularán y una serie de protocolos que permiten a alguien conseguir un nuevo bitcoin.

Sin embargo, el *blockchain* es mucho más que las criptodivisas, pues sus aplicaciones trascienden el mero aspecto económico. Otro caso de uso de estas redes son los *smart contracts* o contratos inteligentes, programas informáticos que contienen acuerdos entre dos partes que se ejecutan automáticamente a medida que estas van cumpliendo con las cláusulas de los mismos. El cumplimiento o incumplimiento se puede determinar por una fórmula matemática o mediante la intervención de un agente externo que proporciona información a la red *blockchain*. Pongamos un ejemplo. Un jugador de fútbol y un club acuerdan que el futbolista cobre una prima de un millón de euros si mete más de 10 goles en una temporada. De esta manera, en el momento en que la red *blockchain* registre el décimo gol del jugador en cuestión, el *smart contract* se ejecutará liberando el pago de la cantidad acordada. Pero para verificar que dichos goles son oficiales, será la liga de fútbol la que aporte la información sobre las estadísticas de tantos anotados. No obstante, puede que dicha transacción no se ejecute en euros, sino que normalmente lo hará en la criptomoneda de la *blockchain* que se utilice. En el caso de los *smart contracts*, la red más utilizada es la de Ethereum, cuya moneda es el *ether*.

Otra aplicación de los *smart contracts* puede darse en los contratos de alquiler de viviendas. Con la adopción de las cerraduras inteligentes conectadas a internet, los contratos inteligentes podrán conceder acceso a la vivienda a un inquilino una vez que este complete el pago, algo que a buen seguro será muy útil en hoteles y viviendas vacacionales de todo el mundo. Otro uso de las redes *blockchain* es el que están haciendo algunas empresas del sector de la alimentación, que utilizan esta tecnología para dejar constancia de la trazabilidad de sus productos. En otras palabras, permiten a los consumidores y a las autoridades —y a ellos mismos— saber exactamente de dónde procede cada producto y por dónde ha pasado hasta ser vendido en la tienda. Esto es superútil para casos en los que se vende un producto en mal estado. También para certificar la denominación de origen de artículos como el vino.

Empresas como Nike utilizan tecnología *blockchain* para evitar falsificaciones, de forma que si es una prenda oficial se pueda verificar en la red con solo escanear un QR o introducir un código. También se aplica en el sector de la energía para garantizar en tiempo real que la que se suministra a los hogares o a las empresas es 100 % renovable. Esto es muy útil para casos en los que el consumidor está muy concienciado y quiere energía sostenible, y también para empresas que pueden demostrar así el cumplimiento de sus políticas de responsabilidad social corporativa. Más usos que pueden tener las redes de *blockchain* es asegurar la trazabilidad en las cadenas logísticas, o, si las cámaras frigoríficas están conectadas a la red, se puede certificar si un producto ha roto o no la cadena de frío que asegure su perfecta conservación. La aplicación masiva de esta tecnología también significará el fin de los notarios, ya que no hará falta una figura de confianza para dar fe de un acuerdo o transacción, sino que la propia red hará la función de la notaría.

Por otro lado, tenemos los *non-fungible tokens*, más conocidos como NFT. Mientras que los bitcoins son todos iguales y se puede intercambiar uno por otro sin que pase nada, los NFT son activos únicos que una vez subidos a la *blockchain* no se pueden modificar ni cambiar por otro. Un NFT puede ser una canción, una foto, un vídeo o cualquier archivo digital que se pueda subir a la *blockchain*. Hay que pensar en un NFT como en el cuadro de un museo. A pesar de que se hagan copias o fotografías de *Las meninas* de Velázquez, el original es el único que tiene valor, y esto es así porque todas las personas entendemos el arte de esta manera. Con un NFT pasa lo mismo: si un artista crea una obra digital, solo tendrá valor aquella que el propio artista haya inscrito en la *blockchain* y que quede certificada como la original. Al igual que con las láminas de un pintor cuando crea varias iguales haciendo una serie limitada, un artista puede crear más de un NFT de su obra, pero cuantas más haga menos exclusiva será y por ello su valor disminuirá. Por tanto, los NFT son una herramienta perfecta para todos esos artistas cuyas creaciones no son físicas, sino digitales.

Incluso las grandes empresas tecnológicas como Amazon, Microsoft o Alphabet están cayendo en los brazos de las redes *blockchain* para tener una mayor resiliencia y ser capaces de resistir a las anteriormente mencionadas caídas de servidores. A la hora de hacer reclamaciones por hechos medibles, el *blockchain* también promete acabar con un montón de esperas innecesarias. Las indemnizaciones por retraso de los aviones o los cobros de un seguro de vida se podrían hacer de forma automática e instantánea. En definitiva, el *blockchain* permitirá optimizar una gran cantidad de procesos que ahora mismo son muy ineficientes y promete acabar con una burocracia que en muchos casos es uno de los mayores obstáculos al desarrollo de empresas e incluso de países enteros.

Las redes *blockchain* han llegado para quedarse y de la propia creatividad del ser humano depende el desarrollo de las mismas. Ahora bien, que el *blockchain* como tecnología tenga mucho recorrido no significa que todos los proyectos que cuenten con ella vayan a ser automáticamente ganadores. Cuando surgió internet, ocurrió una fiebre inversora similar a la vivida en los últimos años con el auge de las criptomonedas; sin embargo, la burbuja de las puntocom se llevó por delante a un sinfín de prometedoras compañías que basaban su modelo de negocio en la nueva tecnología que representaba la red de redes. Entre 1995 y marzo del 2000, el índice bursátil Nasdaq Composite subió un 400 % para bajar un 78 % después. De hecho, empresas como Amazon, Google o ebay estuvieron a punto de quebrar. Por tanto, sí, *blockchain* es una tecnología con muchísimo futuro, pero aún no está madura y la mayoría de proyectos basados en ella no generan beneficios o no son utilizados más que para la mera especulación, en lugar del propósito para

el que fueron diseñados. Por ello, paciencia y mucha pre-
caución, y análisis previo a la hora de invertir en activos con
tanto riesgo como las criptomonedas de hoy en día. En cualquier caso, sean creadas por proyectos descentralizados independientes, por grandes empresas o por los bancos centrales, las criptomonedas serán claves en el metaverso, la
próxima gran revolución humanista.

11
¿QUEDAMOS EN EL METAVERSO?

El metaverso. Esa palabra de la que muchos hablan, pero que pocos entienden realmente. No es más que un mundo virtual al que accedemos mediante un dispositivo tecnológico. Este concepto no es nada nuevo, ya que existen numerosos juegos en los que te creas un personaje o un avatar e interactúas con otra gente. Pero de lo que vamos a hablar hoy no es de esto, sino del metaverso al que actualmente se están refiriendo todas las grandes empresas tecnológicas y que se concibe como una realidad paralela diseñada para parecerse al mundo real, pero sin las limitaciones que este tiene. Para ello, el metaverso se está construyendo en torno a dos tecnologías muy concretas que nos permitirán sentir y vivir este mundo virtual: la realidad virtual y la realidad aumentada.

REALIDAD VIRTUAL VS. REALIDAD AUMENTADA

La realidad virtual es la tecnología que nos permitirá tener esa experiencia inmersiva y la que realmente nos hará sentir que estamos viviendo una realidad paralela. El dispositivo básico de la realidad virtual son las llamadas gafas de realidad virtual, también conocidas como cascos de realidad virtual. Con ellas podremos ver y escuchar todo cuanto ocurre en el metaverso. Pero no son el único dispositivo que nos permitirá interactuar en él. Aquí es donde entran en juego un montón de tecnologías ya existentes y otras experimentales que pronto verán la luz. Os pongo varios ejemplos. En la actualidad, ya existen dispositivos que simulan ser armas, como fusiles o espadas, que nos permiten interactuar en juegos de realidad virtual de forma mucho más realista. También existen muñequeras que detectan los movimientos de nuestros músculos y los replican en el metaverso, de modo que podemos manipular y coger objetos de forma totalmente realista. Lo mismo ocurre con unos anillos, ya disponibles, que detectan el movimiento de nuestros dedos y nos permiten escribir en el aire como si de un teclado invisible se tratase. O cintas de correr para desplazarnos por el metaverso como si caminásemos en el mundo real.

Sin embargo, esto no es lo más sorprendente; y es que las grandes compañías tecnológicas son conscientes de que si queremos que el metaverso sea realmente inmersivo y conquiste a la humanidad, como ya lo hicieron los ordenadores o los *smartphones*, tiene que darnos algo más. O dicho de otra manera, no solo lo tenemos que ver y escuchar, sino también sentir. Por ejemplo, el gigante tecnológico Meta, antes conocido simplemente como Facebook, está desarrollando un guante háptico que combina estímulos auditivos, visuales y táctiles para recrear la sensación del peso de un objeto. Gracias a él podremos, en el futuro, sentir vibraciones, la nitidez de los bordes y la suavidad de una superficie tal y como la sentimos en la realidad.

También se está probando la capacidad de experimentar sensaciones como el frío, el calor o incluso el dolor. Para ello, los investigadores del Laboratorio de Integración de Computadoras Humanas de la Universidad de Chicago han creado los primeros dispositivos hápticos químicos, una combinación de parches de silicona y microbombas que suministran cinco químicos diferentes en la superficie de la piel de quien los usa, generando diferentes sensaciones. De momento, se ha experimentado con los siguientes:

- El *sanshool*: proporciona una sensación de hormigueo.
- La lidocaína: sirve para adormecer la región.
- El cinamaldehído: provoca una sensación de picor.
- La capsaicina: ofrece una sensación de calor.
- El mentol: proporciona sensaciones de frío.

También se está experimentando con tecnologías de estimulación eléctrica muscular para recrear diferentes sensaciones e, incluso, hay empresas que ya trabajan con dispositivos que cuentan con sensores capaces de leer la mente, lo que nos permitirá interactuar y controlar el metaverso con nuestros simples pensamientos.

Hasta ahora hemos hablado de realidad virtual, pero al principio dije que la construcción del metaverso se hará sobre esta tecnología y también sobre la realidad aumentada. Por tanto, ¿qué es la realidad aumentada? Pues bien, es una tecnología que nos permite, a través de un dispositivo, ver objetos o información virtual superpuesta en el mundo real.

De esta manera, los elementos físicos reales se combinan con elementos virtuales, creando así una realidad aumentada en tiempo real. Para entenderlo mejor, pensad en el ejemplo de un filtro de Instagram o en cómo se capturaban los pokémones de Pokémon Go. Sin embargo, la realidad aumentada no se vivirá a través de la pantalla de nuestro *smartphone*, sino que se hará a través de gafas de realidad aumentada. Unas gafas mucho más funcionales que las citadas anteriormente, similares en tamaño a las de sol que utilizamos actualmente. De esta forma, podremos afrontar el mundo real de dos maneras: tal y como lo conocemos hoy en día, o con los elementos virtuales que nos proporcionarán las gafas de realidad aumentada. Imagina un supermercado en apariencia normal, pero en el que una vez que te pones las gafas aparecen *banners* con las mejores ofertas, *reviews* de cada producto o fotos de platos que puedes preparar con cada alimento.

La revolución social

Es probable que a estas alturas te estés preguntando para qué sirve todo esto. El metaverso nos va a dar la oportunidad de vivir experiencias únicas. Sin embargo, no todo será un camino de rosas. De la misma manera que internet puede ser un arma de doble filo, el metaverso supone un avance comparable, con todo lo bueno y todo lo malo que ello conlleva. No obstante, nos brindará una serie de opciones que hoy en día pueden parecer ciencia ficción.

¿Estás buscando un plan para esta noche? ¿Qué tal asistir al concierto de Coldplay en el Madison Square Garden?

O mejor aún, ¿por qué no asistir a un concierto de un artista ya fallecido? Se acabó lo de tener que coger un avión para hacer turismo; ahora podrás visitar cualquier parte del mundo. O algo muchísimo más interesante, asistir a eventos históricos. ¿Qué te parecería dar una vuelta por la Roma imperial? ¿O presenciar la llegada de Colón a América? ¿O sentirte un recluta alemán cercado en Stalingrado? En el metaverso todo esto será posible. ¿Alguien de tu grupo de amigos está trabajando en Londres y no puede salir de fiesta con vosotros? No pasa nada, se podrá conectar a la sala virtual de tu discoteca favorita, y vosotros verle y hablar con él mientras tanto con vuestras gafas de realidad aumentada.

Se acabó hacer la compra en las tediosas páginas de supermercados *online*, ahora puedes ir a comprar en la réplica de tu supermercado favorito en el metaverso y que los productos te lleguen a tu domicilio real. ¿Cansado de las reuniones por Skype y la mala resolución de tu cámara web? No pasa nada, a partir de ahora las reuniones se harán en salas virtuales. Todo esto por no hablar de que se pondrá fin a utilizar un teclado y un ratón para jugar al *GTA* o al *Call of Duty*; jugarás con mucho más realismo, o quizás con tu mente.

Pero la realidad virtual y el metaverso tendrán otras aplicaciones en sectores determinados. Por ejemplo, el segundo podrá ayudar a personas con problemas de salud mental a aprender a relacionarse mediante aplicaciones especializadas. Otro potencial beneficio podrá ser ayudar a ingenieros a probar sus diseños y evitar así fabricar prototipos mucho más costosos. O, en el caso de las inmobiliarias, estas podrán crear visitas virtuales completamente realistas para clientes potenciales que estén en cualquier parte del mundo. Por tanto, el límite es nuestra imaginación.

Vale, ¿y de quién va a ser el metaverso? ¿Cómo se entrará? Esto aún está por ver, pero hay que pensar en ello como en internet. Cada empresa generará sus propios espacios, y podrás navegar entre ellos de manera similar a como actualmente lo haces en la red. Para lograr esto, cerca de 40 empresas, con gigantes como Meta, Microsoft, Nvidia, Adobe, Huawei, Sony o Ikea, se han juntado para crear el Metaverse Standards Forum, un foro cuyo objetivo es establecer los estándares abiertos e interoperables del metaverso.

Y es posible que te estés preguntando: ¿cuándo voy a poder vivir esto? Pues en cierto modo el metaverso ya existe, aunque está muy lejos de desarrollar todo su potencial. Actualmente, existen espacios de realidad virtual independientes, como Horizon Worlds, desarrollado por Meta, o Decentraland, un proyecto sin ánimo de lucro en el que puedes hacer casi de todo. Sin embargo, a nivel gráfico y funcional ambos están aún lejos de ser lo que promete el metaverso en el futuro. Igualmente, probar por primera vez la realidad virtual ya es una experiencia completamente inmersiva, así que no me quiero imaginar cómo será esto cuando los gráficos sean hiperrealistas.

La revolución económica

Explicados ya conceptualmente tanto el metaverso como la realidad virtual y la realidad aumentada, es hora de hablar de la bomba económica que puede ser dicho mundo. El fundador de Facebook y CEO de Meta, Mark Zuckerberg, ya ha advertido de que junto al metaverso surgirá una nueva economía de trillones de dólares, con nuevos puestos de trabajo y nuevas oportunidades de negocio que ahora no podemos ni imaginar. No obstante, hay otras formas de hacer dinero con el metaverso que sí nos podemos imaginar y que en cierto modo ya están en marcha.

La venta de *hardware* será una de las primeras fuentes de riqueza que aportará. Hoy en día ya se venden millones de dispositivos de realidad virtual, y es un mercado que irá en aumento a medida que la tecnología mejore y se generalice. En 2021 este sector ya vendía más de 21 000 millones de dólares en dispositivos en todo el mundo y se estima que este mercado crezca a un 15 % anual hasta al menos 2030.

Pero el grueso de los ingresos del metaverso no va a venir de ahí. Más allá de los productos y servicios que se vendan, los grandes negocios son dos. El primero, la publicidad. Si algo está claro es que el metaverso se va a convertir en una plataforma de publicidad enorme, en la que las marcas van a poder segmentar mucho su *target,* es decir, podrán elegir con mucha facilidad a qué perfil de usuario mostrarle según qué anuncios. Además, con la realidad aumentada el mundo real podrá contar con un sinfín de nuevas posibilidades de publicidad. Gigantes de la publicidad como Meta o Alphabet, que cuentan casi con el monopolio de la publicidad en internet, tienen que estar frotándose las manos.

Pero, sin duda, la lucha del metaverso será por controlar el *software* y los medios de pago. Debido al gran volumen de transacciones económicas que se realizarán, las empresas competirán entre ellas por ver cuál será el proveedor del método de pago de esas transacciones, que a buen seguro contarán con tecnología *blockchain*. El negocio de los métodos de pago es sencillo, por cada compra que haces a través de mi método, yo te cobro una pequeña comisión. Así es como la gigante PayPal se convirtió en una de las mayores empresas del mundo, y así es como Visa y Mastercard construyeron sus imperios.

Por su parte, es posible que algunas compañías quieran controlar los sistemas operativos del metaverso, como hizo Apple con el mundo de los *smartphones* y las *tablets*. Por si no lo sabías, cada vez que alguien hace un pago en una aplicación a través del App Store, la empresa matriz se mete al bolsillo entre el 15 y el 30 % de la transacción. Así que controlar lo equivalente a la App Store del metaverso puede ser otro negocio billonario, aunque parece que este último tiene todas las papeletas para ser mucho más abierto que el ecosistema de los iPhone de Apple. Para su desarrollo será clave el avance del nuevo motor de la humanidad: la inteligencia artificial.

12

LA INTELIGENCIA ARTIFICIAL

Hoy por hoy, ya tenemos interiorizadas algunas prácticas o costumbres que hace unos pocos años habrían parecido ciencia ficción. Tener una conversación con Alexa para que nos lea las noticias, nos entretenga contándonos un chiste, ponga nuestra canción favorita o encienda las luces del salón es algo de lo más común. También lo es que Netflix sepa mostrarnos en primer lugar justo el contenido que nos interesa, o incluso que YouTube logre dar con los anuncios que nos resulten más relevantes. En la actualidad, hay máquinas de diagnóstico de enfermedades que consiguen detectar anomalías mejor que el ojo de un médico, o sistemas que permiten que no caigamos en un atasco, basándose en el tráfico que hay habitualmente en la ruta hacia nuestro destino. Los *smartphones* ya son capaces de aplicar distintos filtros a las fotografías de forma que salgamos más atractivos, e, incluso, se pueden desbloquear reconociendo nuestra huella dactilar o nuestra propia cara.

Algunos tiburones de Wall Street ya utilizan robots automáticos para llevar a cabo sus inversiones, y no, no es casualidad que casi siempre que buscas algo en Google lo encuentres. Tampoco es casualidad que PayPal detecte un pago fraudulento cuando alguien trata de suplantar tu identidad, ni que cada vez se puedan plantar tomates con menos recursos, dando a cada planta la cantidad de agua que necesita. ¿Te has preguntado alguna vez cómo Gmail es capaz de detectar si un correo electrónico es *spam* o no? ¿Te has desesperado hablando con un chatbot de atención al cliente que no acaba de solucionar del todo tus problemas? Bien, pues todo esto tiene que ver con la inteligencia artificial.

El desarrollo e implantación de la IA serán las grandes tendencias tecnológicas del siglo XXI. Hablamos de una tecnología, o mejor dicho, un conjunto de tecnologías, que ya están revolucionando cada aspecto de nuestra vida cotidiana. La IA podemos entenderla como la simulación de la inteligencia humana en máquinas. Para ello, lo que hacemos es dar a las computadoras algoritmos, que no son otra cosa que instrucciones para que ejecuten ciertas acciones. ¿Y ya está? Realmente, no. Lo que diferencia a una inteligencia artificial de un simple programa informático tradicional es la capacidad que tiene para aprender automáticamente basándose en datos que la propia IA obtiene o que le son proporcionados de forma externa. A esta capacidad de aprendizaje se le llama *machine learning* y, cuando hablamos de que una inteligencia artificial pueda aprender, nos referimos a que sea capaz de modificar su comportamiento de acuerdo con esos datos recibidos.

Y llegados a este punto, la pregunta es: ¿cómo podemos proporcionar estos datos a la inteligencia artificial? Bien, pues hay cuatro maneras; de forma supervisada, de forma semisupervisada, sin supervisión o de forma reforzada. En el primer caso, se proporcionan datos a la IA con una solución ya dada de por sí. Volviendo al ejemplo de los tomates, existe una inteligencia artificial capaz de detectar si algún fruto está verde entre miles de tomates rojos y, ayudada por un brazo robótico, los expulsa de la línea de producción. Para lograr esto se ha entrenado a la IA a base de colmarla con muchas fotos de un tomate rojo y con muchas de otro verde, indicándole cuál es cuál. Otro ejemplo de este tipo de aprendizaje es cuando muestras tu cara a tu *smartphone* para que guarde tus parámetros faciales y después pueda reconocer que eres tú y permitirte desbloquear el dispositivo o realizar un pago.

Otro modelo de aprendizaje es el no supervisado. En este caso, la inteligencia artificial no tiene ninguna instrucción sobre los datos, por ello, lo que hace es ir agrupándolos según su semejanza y creando relaciones entre ellos. Es el caso de los sistemas de recomendación de canciones de Spotify. La IA de la empresa multimedia es capaz de detectar perfiles similares al nuestro y recomendarnos música que escuchan esos otros perfiles. De hecho, la propia plataforma te dice: «Otros usuarios que escuchan X también escuchan Y. ¿Te interesa?». Otro ejemplo son las compañías de seguros que utilizan este tipo de IA para poder crear perfiles y poner un precio por el seguro más alto o más bajo en función del grado de riesgo.

Después tenemos el semisupervisado, que es una mezcla entre los dos. A la IA se le facilitan algunos datos con la solución ya dada de antemano y otros que no la tienen, de forma que aprende de los primeros y agrupa los segundos. Por último, tenemos el aprendizaje reforzado, en el que la IA recibe un refuerzo positivo cuando completa una tarea.

Por ello, mediante una metodología de prueba y error, va poco a poco quedándose con los pasos que ha realizado, perfeccionando con el tiempo la manera en la que llega a su objetivo. Podemos poner como ejemplo un programa que vaya generando aleatoriamente modelos de bicicletas que completen una simulación en la que, aplicando una misma fuerza, tengan que recorrer la mayor distancia posible en un tiempo determinado. De esta forma, la inteligencia artificial irá perfeccionando su modelo de bicicleta para que esta resulte lo más aerodinámica posible, a medida que sus prototipos con mutaciones aleatorias vayan rebajando sus tiempos, incorporando elementos de los diseños anteriores. También podemos incluir aquí las famosas IA capaces de ganar a los mejores jugadores del mundo de póquer o ajedrez.

Como hemos visto, hay muchísimos tipos de IA, desde aquellas cuyo objetivo es procesar, entender y simular el lenguaje humano, hasta las que tienen por objetivo el procesamiento de imágenes para después poder analizarlas, interpretarlas e incluso imitarlas. Pero sin duda, las redes de inteligencia artificial más complejas actualmente son aquellas basadas en el aprendizaje profundo o *deep learning*. Este se apoya en las redes neuronales que imitan el modo en el que el cerebro humano procesa la información, y consta de distintas capas de procesamiento de datos; un sistema que otorga a la inteligencia artificial una gran complejidad y a la vez una gran potencia. Pero mi intención dista de dar una clase sobre inteligencia artificial, pues lo que pretendemos estudiar es cómo esta va a cambiar el mundo en las próximas décadas.

Si bien la IA ya ha cambiado nuestras vidas con todos los ejemplos descritos, o con otros como la capacidad de escribir simplemente dictándole a nuestro *smartphone* directamente con la voz, esto es solo el principio de lo que está por venir. Todos estos cambios supondrán irremediablemente la desaparición de muchas profesiones y el surgimiento de otras. Profesiones sin alto valor añadido y que requieren de poca cualificación ya están en serio peligro. Un ejemplo son los supermercados de Amazon Go, en los cuales el cliente entra al local, coge lo que quiere y se va, sin pasar por caja ni hacer colas gracias a un sistema de sensores y cámaras que detecta todo lo que se ha llevado y lo cobra directamente a su cuenta de Amazon. Esta increíble tecnología se acabará llevando por el camino a la gran mayoría de cajeros y cajeras de supermercados, y este es solo uno de los miles de ejemplos que hay.

Pase lo que pase, lo que sí es seguro es que todos los Estados y las grandes empresas a nivel mundial necesitarán las mejores IA, pero también, algo más importante aún, la comida con la que alimentarlas, que en este caso son los datos. Por ello, a buen seguro el siglo XXI será un siglo de lucha constante entre empresas por tener acceso a grandes repositorios de datos, pero sobre todo entre los Estados, que legislarán para asegurar la privacidad de sus ciudadanos, y las grandes empresas, que tratarán de utilizar la mayor cantidad de datos a su alcance. El problema es que, como siempre, en estos análisis solemos pecar de eurocentristas, porque ¿qué hay de todos esos regímenes autocráticos en los que la dictadura de turno trata de controlar a sus ciudadanos y eliminar todo atisbo de oposición?

Como ya se empieza a ver en China, la inteligencia artificial es un arma de doble filo, y puede ser la herramienta perfecta para acabar con la libertad individual de los ciudadanos de un país de forma definitiva. Por ello, sistemas de *rating* social, los dispositivos de detección de reconocimiento facial, sistemas de clasificación política en función de miles de variables que permitan al régimen de turno identificar opositores y eliminarlos serán el pan de cada día para muchas sociedades. Sin embargo, si bien el desarrollo de la IA afectará a todas las capas de la sociedad y la política, en el ámbito económico hay tres sectores que se beneficiarán más que ningún otro de ella. Estos son sin duda la robótica, la biotecnología y la nanotecnología, los cuales merecen que los tratemos por separado.

ROBOTS, NUESTROS GRANDES ALIADOS

El siglo XXI será el de la robótica y en cierto modo el siglo XX también lo ha sido. Cuando normalmente una persona cualquiera piensa en un robot, se imagina un androide al estilo de C-3PO en *Star Wars*, pero aparte de los androides hay un montón de tipos más que hacen y harán cosas completamente asombrosas. Sin embargo, la robótica es mucho más que eso. Empecemos por el principio. Para comenzar esta historia nos tenemos que ir a Nueva York y viajar hasta 1939. A la par que Europa se encaminaba a la Segunda Guerra Mundial, en el edificio Trylon and Perisphere de Nueva York se presentaba al mundo Elektro, el primer robot controlado por voz que podía caminar, hablar y hasta fumar. Elektro medía nada más y nada menos que 2,1 metros y pesaba la friolera de 118 kilogramos. Fue todo un fenómeno de masas al que un año después se le incorporó Sparko, un perro robot capaz de sentarse, ladrar y hasta mendigar.

El siguiente hito en la robótica lo llevó a cabo William Grey Walter, un neurólogo que en los años 40 creó los primeros robots electrónicos autónomos y móviles a los que curiosamente dio forma de tortugas. Estaban programados para llevar a cabo dos tareas, que eran sortear obstáculos y volver a su base para recargar sus baterías antes de que estas se agotaran; y para conseguirlo, William trató de replicar la forma de trabajar del cerebro humano. Pero todos estos prototipos no tenían ninguna función específica más allá de entretener a las masas. Para ello hubo que esperar a 1961, momento en el que George Devol crea su primer robot industrial, el Unimate. El objetivo era sustituir a los trabajadores de las tareas de soldadura, uno de los puntos más peligrosos de la cadena de montaje de automóviles. Así fue como, de la noche a la mañana, General Motors y Ford comenzaron a implantarlos en sus líneas de producción, cambiando la industria para siempre. Una nueva vuelta de tuerca la daría Victor Scheinman, un empleado de Unimate que en 1975 creó el PUMA, un nuevo brazo robótico que fijaría un estándar en el sector, en torno al cual toda la industria comenzó a desarrollarse.

Hoy en día, muchas de las industrias cuya producción es intensiva en el uso de tecnología están equipadas con brazos robóticos, que no son más que un brazo mecánico que utiliza tecnología robótica y que es totalmente programable en sus funciones. Estos han permitido sustituir a los brazos humanos con nuevas capacidades, con una mayor precisión y con mayor fuerza. Además, cuentan con la ventaja de que no se cansan. De esta manera, todo tipo de industrias los han ido incorporando a sus procesos productivos en busca de una mayor eficiencia y seguridad. No obstante, el futuro estará dominado por otros tipos de robots: los androides, los coches autónomos y los drones.

Un androide es, por definición, un «robot con aspecto, movimientos y algunas funciones propias de un ser humano». En este campo, Japón será toda una referencia a nivel mundial. Esto se debe en parte a la potente industria automovilística del país nipón y a la decidida apuesta gubernamental desde hace décadas para solventar sus problemas de mano de obra y personal de servicios. De esta manera, el Gobierno, las universidades y las grandes empresas niponas crearon una floreciente industria en torno a la robótica. Japón es el segundo país del mundo con más robots industriales por trabajador, solo por detrás de Corea del Sur. Además, tiene un profundo arraigo religioso y cultural con ellos, puesto que recuerdan a Karakuri, un tipo de autómata hecho de madera que tuvo su mayor apogeo durante los siglos XVIII y XIX. Por eso, no es de extrañar que el primer robot humanoide fuera creado por Honda en el año 2000. Recibió el nombre de ASIMO y, para ser el primero, es una pasada, capaz de controlar cada uno de sus dedos de forma independiente y reconocer las caras y la voz de las personas. El idilio de Japón con los robots tocó techo tras el accidente de la central nuclear de Fukushima. Y es que un robot Mini Mambo fue capaz de entrar en la central de Fukushima y grabar durante tres horas, dando una información imprescindible para los investigadores.

Pero, una vez más, todo cambió en la década de 2010, cuando Apple introdujo a Siri, democratizando por primera vez la interacción entre una inteligencia artificial y un ser humano. Desde entonces, la inteligencia artificial ha avanzado mucho a la hora de tratar con las personas, y Alexa nos abrió un nuevo mundo al ser capaz de conectarse con multitud de aparatos y permitirnos interactuar a través de ella. Así es como muchas casas se han domotizado y permitido que el llamado internet de las cosas se desarrollara a una velocidad increíble, pasando del millón de aparatos conectados a internet en el año 1992 a los más de cincuenta mil millones de aparatos conectados en 2020.

El caso es que la industria de la robótica vio en la inteligencia artificial todo un filón, ya que por fin podía dotar a sus robots de una conducta mucho más humana. Desde entonces, la industria robótica ha avanzado paralelamente por dos vertientes. La primera trata de crear mejores robots, rápidos, ágiles, fuertes, ligeros, flexibles y con grandes capacidades de articulación. También en este camino muchas empresas están tratando, con modelos de silicona y otros compuestos, de dotar a los androides del mayor realismo posible. El mejor ejemplo es el androide Sophia, desarrollado por Hanson Robotics, que es una auténtica locura. De hecho, usa la tecnología de reconocimiento de voz de Google y está diseñado con capacidad de aprendizaje.

Mientras tanto, la industria también ha ido trabajando en mejorar la IA de los androides para que sean capaces de realizar cada vez un mayor número de tareas con el comportamiento más humano posible. Es por esto por lo que a los androides les llevará pocas décadas hacerse con la mayor parte de los empleos en la industria de servicios. Hablamos de dependientes de una tienda, cualquier servicio de información, servicios de seguridad y un largo etcétera. Otro tipo de empleo que se reducirá mucho es el de los soldados de vanguardia, pues los humanoides irán paulatinamente sustituyendo a las personas en los campos de batalla, asumiendo mayores responsabilidades, sobre todo en las operaciones más difíciles. Ya se están utilizando robots en hospitales pediátricos para entretener a los niños internos e incluso para que algunos con problemas de autismo aprendan a relacionarse.

Pero si hay una industria en la que la robótica va a tener una importancia capital es la industria de los cuidados. Como vimos en el capítulo del cambio demográfico, la población mayor de 65 años va a aumentar en todo el mundo y todas esas nuevas personas mayores y dependientes requerirán de unos cuidados, por lo que la demanda de estos servicios excederá la oferta. Los androides serán claves para equilibrar ese exceso y devolver el mercado a su punto de equilibrio. Hay un montón de programas de I+D+I que están trabajando precisamente en ello. Un ejemplo es el robot Misty II, un proyecto de la Fundación Barcelona Mobile World Capital cuyo objetivo es atender a las personas mayores, dándoles conversación, o recordarles cosas tan importantes como tomar la medicación.

COCHES AUTÓNOMOS

Uno de los sectores de los que más se habla cuando se piensa en inteligencia artificial y en el futuro es el de los coches autónomos. Existen varios niveles de conducción automática: en el nivel 1 el sistema solo controla la velocidad del vehículo, pero este todavía necesita la total implicación del conductor, mientras que en el nivel 5 la conducción autónoma es total y no se necesita que el piloto esté presente. En lo que respecta al coche autónomo, a los fabricantes tradicionales les han salido competidores muy duros en las grandes empresas tecnológicas. El gigante Baidu, empresa propietaria del «Google chino», ya está produciendo su coche autónomo especialmente diseñado para convertirse en robotaxis autónomos del gigante asiático. El coche cuenta con un volante extraíble, ya que en China los coches sin volante aún no pueden circular, pero su CEO, Robin Li, ya ha advertido de que este se podría sustituir sin problemas por consolas u ordenadores que hagan la experiencia de viaje más satisfactoria al usuario. Además, Robin Li cree fervientemente que el precio de los taxis se puede reducir considerablemente al no tener que pagar a un conductor. Baidu espera poner en servicio 100 000 robotaxis al año de aquí a 2030.

Mientras, Waymo, la empresa filial de Google que está desarrollando sus propios coches autónomos, ha anunciado, junto con Geely, su modelo de robotaxi Zeekr X, que no cuenta con volante ni pedales. Pero este no es el único hito que ha conseguido Waymo. Sus robotaxis ya circulan por las ciudades estadounidenses de Phoenix y San Francisco. Los robotaxis de Cruise, la filial de taxis autónomos de General Motors, también circulan por California. Apple a su vez está desarrollando su Apple Car 100 % autónomo, que podría salir a la venta en 2025. Nissan, Toyota, Tesla y Alibaba son otros ejemplos de marcas cuyas filiales están participando en el desarrollo de robotaxis y coches autónomos.

La tendencia social que se esconde detrás del coche autónomo es que los fabricantes estiman que cada vez se comprarán menos automóviles y estos, poco a poco, irán dejando de ser un bien que la gente posea para ser un servicio del que el usuario pueda disfrutar cuando lo necesite. Poco a poco, los coches autónomos invadirán las carreteras y proporcionarán cada vez más datos a sus sistemas de inteligencia, compartiéndolos con sus fabricantes, de forma que llegará un momento en el que la IA será mucho más fiable a la hora de conducir que un ser humano. Esto cambia el paradigma, ya que en estos momentos la regulación es el principal obstáculo de los coches autónomos, pero en el futuro será la nueva regulación la que poco a poco vaya desterrando a la conducción humana de las carreteras. Una vez que esto ocurra y el parque móvil se vaya sustituyendo por automóviles de conducción autónoma, los accidentes serán responsabilidad de los fabricantes y no de los usuarios.

Estados Unidos, China, Corea del Sur, Alemania y Reino Unido son los países que ahora mismo más se están moviendo para establecer nuevos códigos de circulación, en los que se tenga en cuenta el coche autónomo, eliminando trabas para que pueda ir tomando las carreteras. Las redes 5G serán claves para que estos vehículos lleguen a todos los confines del planeta y, de momento, el mayor problema a nivel técnico al que se enfrenta la conducción autónoma está en la navegación por carreteras poco marcadas o caminos no asfaltados. En cualquier caso, es solo cuestión de tiempo que los robotaxis formen parte de nuestras vidas y que podamos recorrer grandes distancias de forma mucho más segura sin preocuparnos del volante, optimizando nuestros tiempos de desplazamiento.

LOS DRONES, HERRAMIENTAS MULTIUSOS

Otros dispositivos que irán tomando más protagonismo en nuestra vidas son los drones civiles. A medida que vayan mejorando su autonomía y su capacidad de carga, irán poco a poco conquistando los cielos. A principios de 2013, Amazon comenzó a introducir su Prime Air, que no era otra cosa que un vídeo en el que se mostraba a un dron de Amazon entregando un paquete y un botiquín con material médico. Su última creación, el MK30, es capaz de volar a 80 km/h, reconocer obstáculos, esquivar otros drones y realizar la entrega en una zona segura. Amazon está a punto de probar su Prime Air por primera vez en Lockeford, California, y en College Station, Texas. El objetivo de la corporación estadounidense es repartir 500 millones de paquetes con su Prime Air antes de 2030, unos objetivos tremendamente ambiciosos.

El gigante de la distribución estadounidense Walmart también está trabajando en las entregas con drones y se ha aliado con DroneUp para poder entregar mercancías a más de cuatro millones de hogares. Su prueba se realiza en Arizona, Arkansas, Florida, Texas, Utah y Virginia, y se estiman en un millón las entregas que la empresa podrá realizar al año. La compañía asegura que por 3,99 dólares y un peso de pedido inferior a los 4,5 kilogramos, un dron te dejará un pedido en la puerta de tu casa. Por tanto, sí, es un hecho que nuestros jardines o las azoteas de nuestras casas se convertirán próximamente en pequeños aeródromos donde estos aparatos nos dejarán las compras. El futuro de los drones es espectacular, tenderán poco a poco a desterrar a los vigilantes de seguridad y son —y serán— un apoyo fundamental para policía y bomberos. Tienen capacidad para controlar los cultivos mediante sistemas de inteligencia artificial, permitir acceder y llevar equipamiento a zonas de rescate, ayudar a los investigadores a llegar a lugares no accesibles para el ser humano, como el interior de un volcán, o incluso ayudar a desinfectar zonas con radiación o con agentes patógenos sin poner a una persona en peligro tras un desastre.

Por último, una aplicación de los drones con la que el ser humano lleva décadas soñando son los taxis voladores. La empresa española Umiles, en colaboración con Tecnalia, ya ha hecho que los aerotaxis sean una realidad y esperan que surquen los cielos entre 2026 y 2030. París, por su parte, está trabajando duro para que en los Juegos Olímpicos de 2024 los cielos de la ciudad del amor estén surcados por aerotaxis. Tesla, siempre a la vanguardia de productos futuristas como el Hyperloop o el coche autónomo, también se ha apuntado a esta tendencia y espera tener listo su primer aerotaxi para 2024. Una vez más, la legislación al respecto es la que puede poner palos en las ruedas de este nuevo servicio que está llamado a cambiar para siempre la forma en la que nos desplazamos, especialmente en entornos urbanos.

La nanotecnología, inteligencia microscópica

De todas las tecnologías que la robótica y la inteligencia artificial nos brindarán en el futuro, la nanotecnología es quizás la menos intuitiva de todas y la que más aplicaciones puede tener. La nanotecnología no es más que el estudio y la manipulación de materia a escala microscópica. Estamos hablando de tamaños de entre 1 y 100 nanómetros. Para ponerlo en perspectiva, hablamos de que un nanómetro es cien mil veces más pequeño que el grosor de un cabello humano. Como hemos visto en el capítulo dedicado a los materiales del futuro, todos los microchips se fabrican ya a escala nanométrica, por lo que los podemos considerar como nanotecnología. Lo mismo ocurre con materiales como el grafeno, que, como dijimos, tiene un solo átomo de espesor. Este mundo es tremendamente complejo y, como la mayoría de conceptos que hemos visto, daría para una obra entera. Por ello, vamos a centrarnos en la manera en la que la nanotecnología puede cambiar el mundo.

Por ejemplo, ya se trabaja en la ropa del futuro, que también será inteligente. Al igual que hacen los relojes inteligentes actuales con el pulso cardíaco, se está desarrollando ropa equipada con sensores miniaturizados capaces de analizar en tiempo real distintas constantes vitales. También existe la ropa fabricada con nailon piezoeléctrico, capaz de generar energía a partir de los movimientos de la persona, lo que hace posible que, por ejemplo, podamos cargar el móvil simplemente metiéndolo en el bolsillo. Además, se han empleado nanobots que se adhieren a la cola de un espermatozoide con deficiencias de movimiento, conduciéndolo hacia el óvulo para su posible fertilización.

Así mismo, la nanotecnología se utiliza para crear materiales biohíbridos. Estos son compartimentos que combinan diferentes moléculas y materiales sintéticos que actúan una vez son absorbidos por el organismo. De esta forma, no solo se pueden tratar distintas enfermedades con un mayor grado de precisión, además se pueden minimizar los efectos secundarios de la medicación, lo que hace que el potencial de la nanotecnología sea muy interesante de cara al futuro para la diagnosis y tratamientos relacionados con el cáncer.

Al margen de la nanotecnología, se está experimentando también con robótica a escala milimétrica con fines médicos para manipular tejidos o células malignas en intervenciones quirúrgicas con un alto grado de precisión. La nanotecnología puede servir además para ayudar a purificar agua a partir de nanopartículas capaces de contrarrestar los contaminantes existentes en el líquido elemento.

El problema de tantos usos relacionados con la salud humana, junto al desarrollo de la propia tecnología, es que la nanociencia tiene el reto de estudiar todos los efectos secundarios que pueda tener para el organismo, lo que llevará años de investigaciones y estudios antes de que podamos beneficiarnos con seguridad de su desarrollo. Aun así, el ser humano ya ha iniciado su particular camino hacia la inmortalidad.

13

EL CAMINO HACIA LA INMORTALIDAD

Desde tiempos inmemoriales el ser humano ha soñado con la inmortalidad técnica, es decir, con no enfermar y mantener su cuerpo sano, joven y fuerte, hasta que su propia voluntad o un accidente violento acabe con su vida. También la ciencia ficción ha creado a menudo cíborgs o superhéroes con poderes increíbles. Incluso es posible que tú mismo te hayas preguntado varias veces qué pasaría si tuvieses la capacidad auditiva de Ludwig van Beethoven, la explosividad de Usain Bolt o la inteligencia de Albert Einstein, pero ¿es verdaderamente posible alcanzar la inmortalidad? ¿Se puede revertir el envejecimiento? ¿Puede el ser humano desarrollar capacidades que no le son inherentes? La respuesta, una vez más, la tiene la ciencia.

Es un hecho que la sociedad actual, al menos en los países desarrollados, está adquiriendo nuevos hábitos cada vez más saludables que permiten a los seres humanos vivir más tiempo y con una mayor calidad de vida. La proliferación del deporte como actividad de ocio, la conciencia de la importancia de una alimentación sana, la paulatina eliminación de la contaminación o del humo del tabaco en espacios públicos cerrados son algunas de las variables que han contribuido a ello. Pero nuestras células tienen fecha de caducidad, así que si queremos aumentar nuestra esperanza de vida y de salud muy por encima de la actual tendremos que apoyarnos en nuevos tratamientos, técnicas y tecnologías.

La ingeniería genética, editando al ser humano

Uno de los campos de estudio más prometedores en este sentido es la ingeniería genética, que básicamente consiste en alterar artificialmente el ADN de cualquier ser vivo para cambiar su información genética y, así, desarrollar nuevas capacidades o evitar ciertas enfermedades congénitas. Es decir, que si modificamos el ADN de un ser vivo, estamos modificando directamente al propio ser vivo. La ingeniería genética se viene practicando desde los años 60 y desde entonces se ha aplicado tanto a plantas como a bacterias, animales e incluso a seres humanos.

Modificar genéticamente plantas nos ha servido para crear alimentos transgénicos, que no son otra cosa que aquellos que han sido manipulados para alterar alguna de sus propiedades. Esto ha permitido modificar algunas especies para ser resistentes a plagas, soportar los efectos de químicos que eliminen las malas hierbas, aguantar mejor las sequías, tener más nutrientes o incluso cambiar su tamaño, forma, color o sabor. Por el momento, no hay indicios de que los transgénicos tengan consecuencias en la salud de la gente, pero esta técnica tiene muchos detractores.

El caso es que, de la misma manera que mediante ingeniería genética se han hecho plantas más resistentes, más grandes y con propiedades nuevas, se puede hacer lo propio con los animales y los seres humanos. Y esto es una realidad gracias a la aparición del CRISPR, un editor genético que permite cortar y pegar trozos de material genético en cualquier célula. La técnica es sencilla, muy barata y apenas se necesita equipo para realizarla, lo que ha llevado a multitud de personas a experimentar con ella y conseguir resultados tan sorprendentes como sobrecogedores. De hecho, ha proliferado toda una comunidad de investigadores que utiliza sus propias casas como laboratorios, en lo que se conoce como el *biohacking Do it Yourself* (DIY).

En el reino animal ya se ha probado de todo. La oveja Dolly demostró que un animal puede ser clonado; pero la ingeniería genética también ha sido capaz de crear perros fluorescentes e, incluso, perros con un mayor olfato para que puedan detectar mejor las sustancias prohibidas en los controles de aduanas de la policía. La empresa AquaBounty consiguió crear un salmón que crece el doble de rápido y que ya se puede comer en Canadá. En la Universidad de Alberta (Estados Unidos) han sido capaces de modificar genéticamente una vaca para que emita hasta un 25 % menos de metano a la atmósfera. Otros ejemplos de animales modificados genéticamente son pollos sin plumas, ranas y peces transparentes, conejos fosforescentes o gatos que brillan por la noche.

Pero la ingeniería genética en general y el CRISPR en particular también se pueden aplicar a humanos. La forma más evidente es la de eliminar todas las enfermedades que tengan un componente genético. De esta manera, enfermedades como la hemofilia, el daltonismo o la fibrosis quística podrían desaparecer. Pero utilizando la técnica CRISPR también se pueden combatir virus como el VIH o el herpes, o tratar algunos tipos de cáncer. Además, esta técnica no solo es capaz de modificar a seres humanos vivos, sino que también se puede dotar de ciertas características a los humanos que aún no han nacido. De esta manera, mediante CRISPR se pueden seleccionar ciertas características de un niño antes de que venga al mundo, desde cosas tan importantes como eliminar enfermedades genéticas hasta elegir su color de pelo y ojos. Obviamente, esto abre todo un debate moral acerca de si es ético o no hacerlo.

No obstante, una vez que existe la tecnología y, sobre todo, una vez que esta es asequible, poner trabas a su desarrollo es como ponerle puertas al mar, pues siempre habrá una manera clandestina de efectuar estos tratamientos, lo que implica menor transparencia y seguridad. Como decía, modificar genéticamente un embrión para que el niño tenga ciertas características físicas no es algo demasiado diferente a teñirte el pelo o ponerte lentillas. Lo mismo ocurre con eliminar las enfermedades genéticas, algo que ya se hace, puesto que muchos embarazos son interrumpidos cuando el embrión presenta, por ejemplo, un síndrome de Down, y se espera a que otro embarazo no tenga la enfermedad.

Sin embargo, ¿qué ocurrirá cuando la tecnología avance tanto como para que el ser humano pueda tener características que no son las suyas propias? ¿Es ético influir en cosas como la altura o la musculatura de alguien que está por venir al mundo? Quizás las características físicas no presenten demasiadas contradicciones éticas, pero tarde o temprano el hombre logrará crear niños modificados genéticamente para ser más inteligentes, tener mejor vista, un gran oído o desarrollar cualquier tipo de talento. Incluso podría darse el caso de utilizar CRISPR con ADN de otros animales que resistan mejor el envejecimiento o que incluso no lo sufran, como las langostas, las cuales no pierden sus capacidades físicas con el tiempo y nunca paran de crecer. De hecho, la langosta más longeva que se ha encontrado tenía 140 años. Algunos tipos de tortuga o el erizo del mar Rojo también presentan estas características. Algo parecido ocurre con las medusas, cuyas células se regeneran por completo, siendo técnicamente inmortales, si no fuese porque tienen depredadores a su alrededor.

El hombre también se podrá dotar de sentidos propios de otras especies y quizás el límite sea nuestra imaginación. Algunas de ellas parecen poseer la capacidad de detectar terremotos gracias a que perciben pulsos electromagnéticos; los gatos reaccionan a vibraciones imperceptibles para nosotros; son muchas las aves con capacidad de visión nocturna; y los murciélagos pueden ecolocalizar a sus presas a partir del rebote de los sonidos que emiten, pudiendo detectar objetos de solo 0,1778 milímetros. ¿Podría entonces el ser humano adquirir estas características? Solo el tiempo nos lo dirá, pero a buen seguro que será un tema que abrirá un debate de difícil solución, pues mientras que los legisladores debaten sobre las ideas y futuras leyes, la ciencia va muy por delante, derribando barreras a una velocidad endiablada.

La biónica, ha nacido una nueva especie

Más allá de los tratamientos con células madre y otras técnicas con las que se está intentando detener la senescencia celular, es decir, el envejecimiento de las células, el ser humano está a las puertas de una revolución tecnológica que promete alargar su vida. Hablo, cómo no, de la biónica, que es la ciencia que estudia el desarrollo de dispositivos tecnológicos que sustituyen o sirven de ayuda a las funciones naturales de los seres vivos. En cierto modo, el ser humano lleva utilizando la biónica desde tiempos inmemoriales. Una muleta o una pata de palo no son más que acoplamientos de dispositivos al cuerpo con el fin de hacernos la vida más fácil. La prótesis más antigua conocida data del antiguo Egipto, hace unos 3000 años, un dedo de madera que se colaba en el pie. Ya en el siglo XVI Ambroise Paré, uno de los cirujanos más importantes de la Edad Moderna, inventó una prótesis de una mano con un mecanismo que permitía mover los dedos.

Desde entonces, las prótesis, cada vez más modernas y funcionales, también han venido cumpliendo esta función. Sin embargo, con el desarrollo de la tecnología el ser humano ha sido capaz de ir mucho más allá. El 4 de abril de 1969, el mismo año que el primer hombre pisaba la Luna, también se realizó el primer trasplante de un corazón artificial. Desde entonces, el hombre que más tiempo ha llevado uno ha sobrevivido 6320 días, lo que nos da algo más de 17 años. En 1976, el ser humano fue un paso más allá al inventar el implante coclear, que corregía ciertos daños en la cóclea y permitía al paciente recuperar el oído. Por primera vez, un hombre podía recuperar un sentido que había perdido.

Sin embargo, todo ello quedó en nada en comparación con un invento de 2007. Tras los desastres de Afganistán e Irak, en los que miles de soldados estadounidenses quedaron mutilados de por vida, la agencia de investigación militar estadounidense (Agencia de Proyectos de Investigación Avanzados de Defensa, DARPA por sus siglas en inglés) invirtió 50 millones de dólares en desarrollar prótesis futuristas que se pudiesen controlar con la mente. Desde entonces, las prótesis se han ido desarrollando y perfeccionando para que la interacción de estas con el cerebro sea bidireccional, y ya no solo se transmitan instrucciones del cerebro a la prótesis, sino que el mismo órgano recibe *inputs* del aparato.

En 2014, durante la ceremonia inaugural del mundial de fútbol de Brasil 2014, un joven papapléjico hizo el saque de honor después de andar unos metros y dar el protocolario chut que dio comienzo a la competición. El joven consiguió hacerlo gracias a un exoesqueleto robótico, los cuales están dando mucho que hablar, ya que podrían tener un uso militar y permitir a los soldados llevar mucho más peso con el mismo esfuerzo. De hecho, China ha mostrado vídeos de soldados portando exoesqueletos en el Himalaya, donde la falta de oxígeno provocada por las alturas, superiores a 5000 metros, aumenta la fatiga de los soldados.

Pero la biónica no solo tiene que ver con las prótesis. Neil Harbisson ha sido reconocido como el primer cíborg del mundo. Este hombre nació con una enfermedad llamada acromatopsia que le impedía ver colores, y solo percibía el mundo en blanco y negro. En 2004, Neil se sometió a una cirugía clandestina en la que le implantaron una antena que le permite escuchar colores y ver sonidos. Es decir, hay un sonido o nota musical por cada color que la antena percibe. Se ve que le gustó eso de ser un cíborg y también se implantó un chip con *bluetooth* que le permite recibir imágenes y sonidos directamente en el cerebro. Pero Neil no es el único humano que lleva implantes. Patrick Paumen porta un chip dentro de la mano que le permite pagar como si de una tarjeta *contactless* se tratara.

De hecho, la empresa británica Walletmor ya comercializa un chip que pesa menos menos de un gramo y es algo más grande que un grano de arroz. Pero estos no son los únicos que actualmente se pueden implantar dentro de la piel. Estos chips también pueden proporcionar importante información sobre nuestro propio cuerpo a nivel de nutrientes, temperatura, actividad durante el sueño o, en el futuro, incluso, aportarnos datos sobre nuestro nivel de alcohol en sangre. Igualmente, se pueden utilizar a modo de glucómetro y que nos avisen cuando los niveles de glucosa en sangre se salgan de los parámetros normales. Otros usos que se darán a estos implantes serán aquellos relacionados con la seguridad para desbloquear dispositivos o abrir cerraduras. Sin embargo, el miedo que suscita esta nueva tecnología es que se pueda hackear.

Las capacidades de la biónica se han vuelto mucho más potentes gracias al internet de las cosas (IoT), pues las prótesis y los implantes se pueden conectar a la red y transmitir datos, constantes vitales y todo tipo de información que nos hará la vida más fácil. Además, las impresoras 3D están consiguiendo que diseños complejos y avanzados sean muy baratos de producir y empiezan a estar al alcance de toda la población, al menos en los países más desarrollados.

Por todo lo descrito en este capítulo, hoy por hoy estamos en disposición de afirmar que el ser humano se ha convertido, sin duda alguna, en la primera especie conocida capaz de influir, alterar y conducir su propia evolución. No sabemos si en el futuro una vida eterna de calidad será posible, pero sí parece claro que la esperanza de vida aún tiene mucho recorrido al alza. No obstante, el camino hacia la inmortalidad no es la única barrera reservada a los dioses que queremos derribar. Aún tenemos que hablar de la computación cuántica.

14

La computación cuántica, jugando a ser Dios

Este libro no se podía acabar sin dar unas pequeñas pinceladas sobre la tecnología más opaca y que más incertidumbre crea de todas las que hemos analizado, la computación cuántica. Entenderla, para alguien que no es especialista en el tema, como es mi caso, es todo un reto. La computación cuántica se aprovecha de las leyes de la mecánica cuántica para resolver problemas tan complejos que la computación tradicional no puede solucionar. Este nuevo paradigma se basa en el uso de cúbits en lugar de bits. Los bits son las unidades mínimas de información de un ordenador clásico, y estos solo pueden estar en dos estados, 0 y 1, y todas las operaciones que realizamos en un ordenador clásico son una simple sucesión de bits, cada uno de los cuales tiene un 0 y un 1 determinado. A esto se le llama el sistema binario. Sin embargo, en la computación cuántica, la unidad mínima de información es el cúbit, cuyo valor puede ser un 0, un 1 o una mezcla de los dos, lo que permite almacenar y procesar mucha más información en menos espacio y, por tanto, aumentar la potencia de los ordenadores convencionales de forma exponencial. Así, se pueden crear nuevos algoritmos capaces de resolver problemas mucho más complejos.

El dilema que tienen los ordenadores cuánticos es arduo y solo unos pocos lo han conseguido afrontar. Por ejemplo, el funcionamiento de un ordenador cuántico requiere de temperaturas extremadamente bajas, cercanas al 0 absoluto (–273 °C), por lo que necesita de un refrigerador de dilución, que no es más que un enorme frigorífico de helio-3 y helio-4 que convierta el aluminio en un material superconductor. A pesar del reto a nivel físico, estas dificultades no han echado para atrás a las empresas y Gobiernos de las principales potencias. Pero ¿para qué sirve un ordenador cuántico? ¿Para qué quiere el ser humano tanta potencia de cálculo?

Además de utilizarse para crear modelos cuánticos que permitan seguir avanzando en las investigaciones de este campo, tienen múltiples aplicaciones. La primera y más llamativa es la criptografía y la ciberseguridad. No hay color. Un ordenador cuántico podría sin problemas invadir y dañar cualquier otro sistema basado en bits. Para entendernos, sería como si David se enfrenta a Goliat con una honda, pero Goliat va montado en un cazabombardero F-35 armado con misiles nucleares. David no tendría ninguna posibilidad. Por ello, quien antes domine la computación cuántica, antes podrá proteger sus sistemas y antes tendrá las herramientas necesarias para reinar en el mundo virtual.

Con este tipo de cálculo se podrían mejorar los procesos de *machine learning* una barbaridad y perfeccionar modelos de inteligencia artificial en unos pocos segundos, algo que con la computación convencional tardaríamos en hacer decenas de miles de años. La computación cuántica también nos permitiría, por ejemplo, entender cómo funcionan ecosistemas en los que intervienen miles de millones de moléculas interaccionando constantemente entre ellas, lo que podría arrojar un conocimiento total sobre el cuerpo humano en general y sobre nuestro cerebro en particular. Esto nos acabaría dando la llave para desarrollar nuevos medicamentos y tratamientos para alargar la vida y la calidad de la misma. Sectores como el financiero también se beneficiarán de esta nueva tecnología, pues podrán modelar con una gran precisión todas las variables que influyen en el precio de una acción y, de esa manera, encontrar correlaciones que hasta ahora no hemos podido ni imaginar. Lo mismo en el campo de la física, donde se podrán descubrir nuevos materiales. Los casos de usos son muchos, muy diversos y afectan a numerosos factores. Sin embargo, los ordenadores cuánticos tardarán en salir de los laboratorios; de momento son máquinas gigantes que necesitan de cuidados muy especiales.

Ahora mismo, seguramente estarás preguntándote quién va ganando en esta nueva carrera. Pues bien, en noviembre de 2022, IBM presentó la computadora cuántica más grande del mundo, que cuenta con 433 cúbits, aunque cuando leas esto es muy posible que haya sido superada, pues la misma multinacional tiene como objetivo alcanzar los 4000 cúbits en 2025. Además, la firma americana comercializó servicios de computación cuántica en la nube, lo que permitirá a empresas de todo el mundo explorar las posibilidades de esta nueva tecnología. Microsoft también está en la pelea con su división Microsoft Azure Quantum, responsable de lanzar de forma gratuita un ecosistema abierto en la nube para soluciones de computación cuántica. Google ha llevado a cabo algunos pasos en este mundillo, siendo capaz de simular un agujero de gusano holográfico. Mientras, los de Mountain View fueron los primeros en anunciar que habían alcanzado la supremacía cuántica, lo que quiere decir que por fin un ordenador cuántico habría superado ya a uno convencional. Poco a poco los hitos en esta disciplina se van sucediendo.

Pero fuera de las fronteras estadounidenses, China es el gran competidor en este aspecto. En 2021, ingenieros de la Universidad de Ciencia y Tecnología del gigante asiático aseguraron haber resuelto en poco más de una hora un problema que un superordenador convencional habría tardado ocho años en resolver. Y es que Pekín ya ha invertido más de 10 000 millones de dólares en este campo y la inversión crecerá a ritmo de un 7 % anual. De hecho, el país ya ha denominado a la computación cuántica como un elemento clave en su 13.º plan quinquenal y en el plan Made in China 2025. De momento, aún es pronto para conocer el verdadero alcance de la computación cuántica, pero sí queda clara una cosa: quien controle los cúbits dominará el futuro.

EPÍLOGO: EL APOCALIPSIS

C omo decía en el prólogo, la obra ha sido escrita con un profundo sentido del optimismo. Sin embargo, tener una visión optimista del futuro no está reñido con los grandes riesgos a los que se enfrenta la humanidad. De momento, esta no tiene constancia de ninguna otra civilización en ningún punto del universo, lo que nos acerca la posibilidad de que toda forma de vida inteligente encuentre un punto máximo en su desarrollo o sea presa de su propio éxito. Tanto el desarrollo como la mera existencia del ser humano como especie están constantemente amenazados.

A pesar de que las interdependencias que ha generado el comercio y la disuasión militar nos están brindando el mayor periodo de paz de la historia, no tenemos que olvidar que el ser humano ya ha creado la tecnología armamentística suficiente para destruir todo rastro de vida en la Tierra. Bastaría con una cadena de infortunios, unos líderes mundiales enajenados o un accidente para que se inicie una guerra nuclear a gran escala entre potencias que nos lleve de nuevo, en el mejor de los casos, a la Edad de Piedra. Por ello, las banalizaciones políticas sobre un hipotético uso de armas nucleares en caso de conflicto no ayudan en nada a la humanidad. Es cierto que este tipo de armamento ha traído el miedo a las potencias de entrar en un nuevo conflicto mundial, pero no es menos cierto que están ahí y pueden ser utilizadas llegado el caso. Una nueva guerra fría, en este caso entre Estados Unidos y China, el conflicto regional entre la India y China, o la constante rivalidad entre la OTAN y Rusia pueden desembocar en un desastre de proporciones bíblicas.

Por otro lado, la humanidad tendrá que afrontar la amenaza que supone el hecho de alcanzar su pico de población en 2100. Mantener un planeta habitable con 11 000 millones de personas no será tarea fácil. Las megaciudades, la contaminación de la poca agua dulce que habrá en el planeta, mantener los mares en buen estado o conservar la composición de nuestra atmósfera no serán tareas sencillas. Está claro que la hoja de ruta es clara, pero también es cierto que la transición energética tardará mucho en llegar a las economías menos desarrolladas, donde habitará gran parte de la población mundial. Por ello, la cooperación internacional entre el primer y el tercer mundo será vital para no cargarse el planeta antes de tiempo.

De momento, solo tenemos uno y es muy posible que pasen siglos hasta que la humanidad encuentre la forma de habitar otro a gran escala. Lamentablemente, el desplazamiento espacial es una tecnología que no parece que vaya a avanzar con la rapidez con la que nuestro mundo va a desarrollarse. Y si bien abandonar el sistema solar requeriría transportarse a muchos años luz, la colonización de la Luna o Marte son un sueño que no se realizará, a nivel general, en este siglo.

Pero quizás la mayor amenaza para nuestro futuro sean la propia inteligencia artificial y todo el ecosistema tecnológico creado por el hombre. ¿Qué ocurrirá cuando la IA sea extremadamente potente? Si bien toda esta tecnología ha sido diseñada para facilitarnos la vida, también puede utilizarse con fines destructivos. ¿Seremos testigos y víctimas de una guerra entre dispositivos inteligentes y humanos? Quizás ni siquiera tenemos que irnos a un escenario extremadamente futurista, como una rebelión de la inteligencia artificial. Una amenaza mucho más inminente pueden ser los posibles hackeos por parte de ciberterroristas capaces de tomar el control de la maquinaria de alguna potencia militar o incluso nuclear. Quizás lleguemos al punto en el que sea más eficiente el gobierno que pueda ejercer una inteligencia artificial en lugar del que pueda ejercer un grupo de humanos y nuestra especie sea finalmente esclavizada. Al fin y al cabo, las máquinas de IA, tarde o temprano, superarán al ser humano en todo tipo de habilidades y características.

El interrogante y el potencial peligro están en cuando sean socialmente inteligentes y se programen o se autoprogramen para perpetuar su existencia. En ese momento, podrían tomarnos como una amenaza y proceder a nuestra eliminación. En cualquier caso, estos son temas que habrá que ir siguiendo de cerca y legislando de forma muy meticulosa, a medida que estas tecnologías avancen. El ser humano está en peligro, el apocalipsis es ahora una opción más posible que nunca, pero, a la vez, las probabilidades de tener en el futuro una vida mejor que la que ha disfrutado el resto de la humanidad también son mayores que nunca.

No obstante, a pesar de todas las amenazas y retos que nos plantea nuestro propio desarrollo, el viaje que nos queda por recorrer hasta 2100 será sin duda trepidante, lleno de increíbles descubrimientos, de profundos cambios en nuestras rutinas diarias y de modificaciones de paradigmas sociales que hasta ahora parecían inamovibles. No sabemos con certeza cómo será el mundo en 2100, lo que es seguro es que tendremos que ser flexibles y mejorar nuestra adaptabilidad a un planeta que va a ser más cambiante que nunca.

BORJA FERNÁNDEZ ZURRÓN

Nací en Gijón en 1992. Desde muy pequeño, mi fascinación por los mapas y las enseñanzas de mi madre me hicieron ser un gran aficionado a la historia y la geopolítica. Años después y como buen *millennial*, los juegos de estrategia me llevaron al siguiente nivel. Tras pasar innumerables horas jugando al *Age of Empires*, la semilla que desde hace años se había plantado comenzó a germinar y ya no me iba a abandonar.

A pesar de que mi formación académica ha girado en torno a la economía y el *marketing*, desde los dieciocho años comencé un proyecto llamado Batallas de Guerra que no era más que un blog y una cuenta de Twitter en la que divulgar historia al público menos aficionado a esta. Con el auge de YouTube, mi curiosidad por cómo funcionaban los algoritmos y mi voluntad de aprender a editar vídeos, me llevaron a comenzar con *Memorias de pez*. Cinco años después doy gracias todos los días por haber cogido este tren.

Printed in the USA
CPSIA information can be obtained
at www.ICGtesting.com
CBHW020818051224
18211CB00004BA/17